Das Mathebuch 2
Förderheft

Erarbeitet von:

Cathrin Höfling

Ulrike Hufschmidt

Myriam Kolbe

Julia Michalke

Dr. Sebastian Walter

Mildenberger

1. Trage ein.

a)

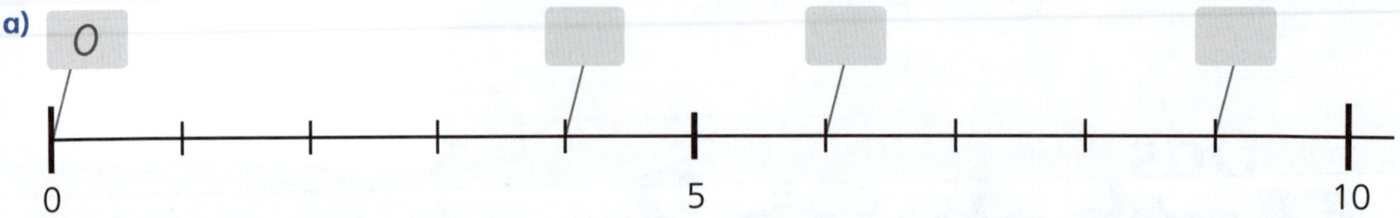

b)

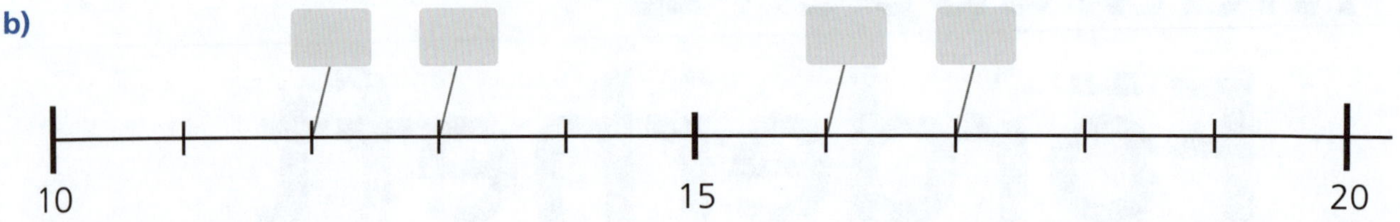

2. Zähle und trage ein. Setze ein: >, < oder =

a)

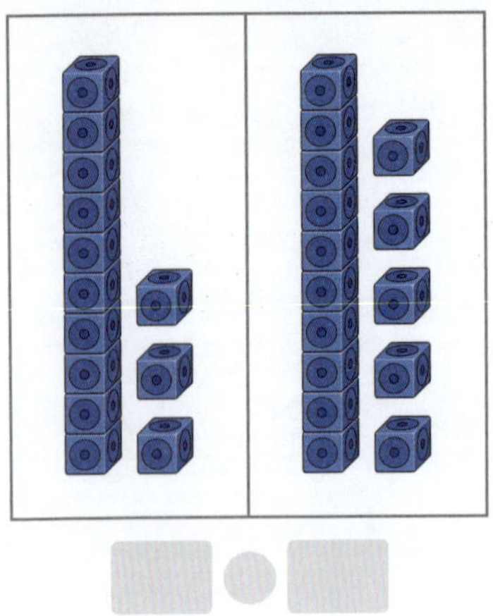

b)

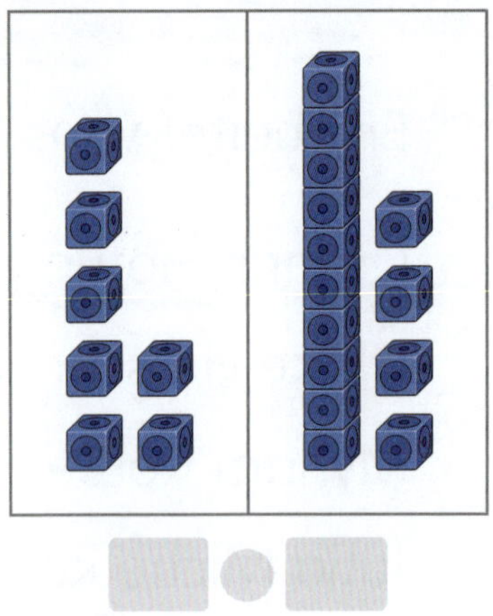

c)

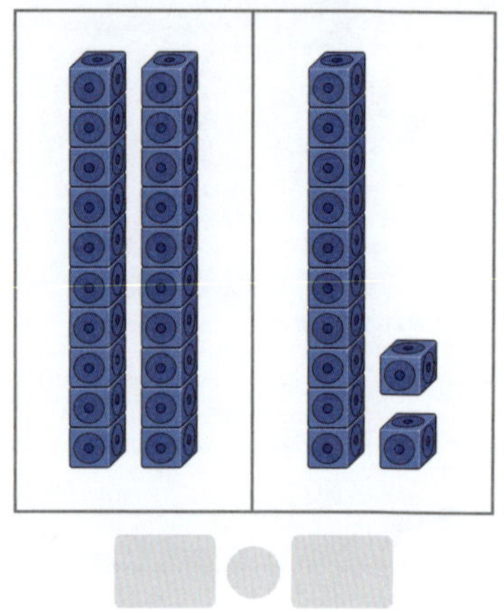

3. Setze ein: >, < oder =

a) 10 ◯ 7
19 ◯ 19
15 ◯ 11

b) 20 ◯ 13
18 ◯ 10
11 ◯ 19

c) 13 ◯ 9
14 ◯ 16
5 ◯ 2

d) 18 ◯ 18
24 ◯ 26
30 ◯ 27

4. Rechne die Aufgabenfamilie.

a) 15 7 8

7 + 8 =
8 + 7 =
15 − 8 =
15 − 7 =

b) 14 5 9

5 + 9 =
9 + 5 =
14 − 9 =
14 − 5 =

c) 9 3 12

9 + 3 =
3 + 9 =
12 − 3 =
12 − 9 =

d) 11 5 6

5 + 6 =
6 + 5 =
11 − 6 =
11 − 5 =

1. Immer 10. Bündele und trage in die Stellenwerttabelle ein.

a)

H	Z	E

______

b)

H	Z	E

______

c)

H	Z	E

______

d)

H	Z	E

______

2. Immer 10. Bündele und trage in die Stellenwerttabelle ein.

a)

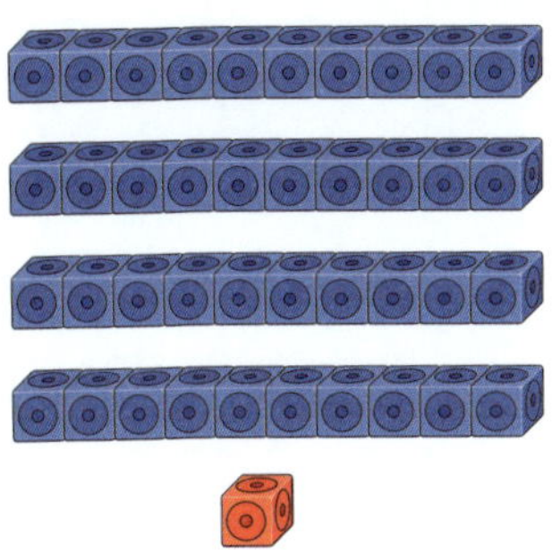

H	Z	E

______

b)

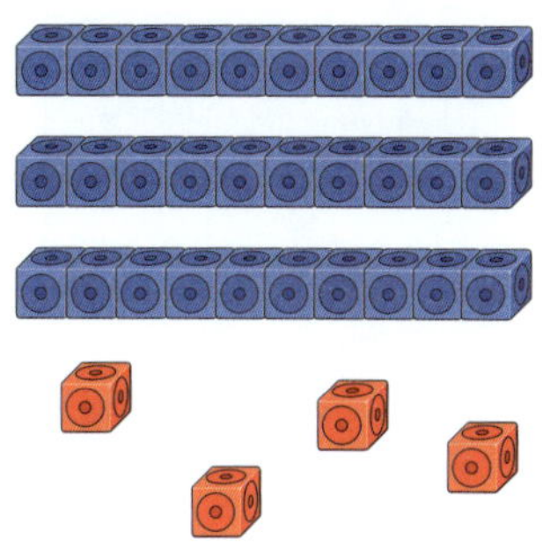

H	Z	E

______

c)

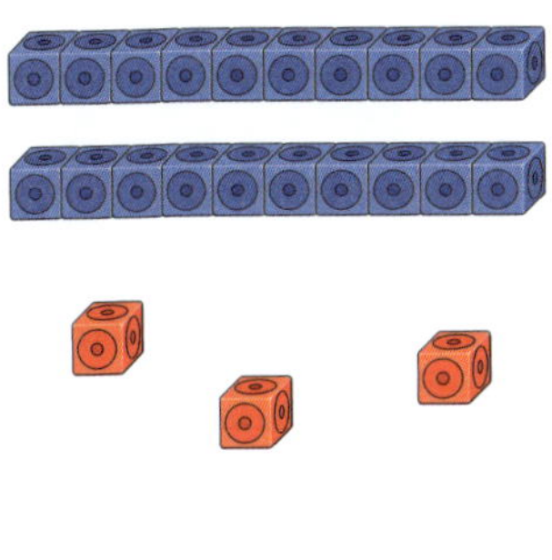

H	Z	E

______

d)

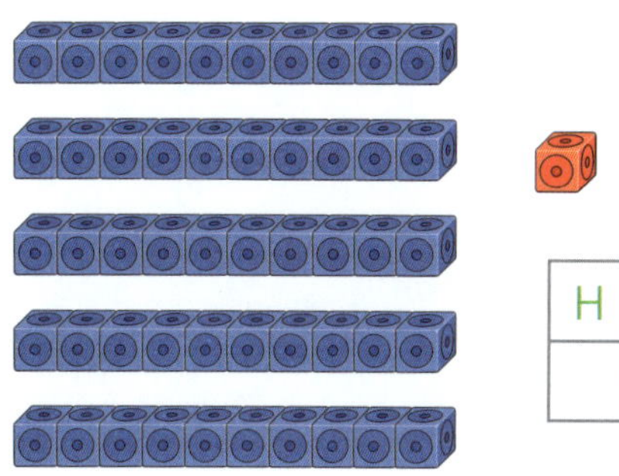

H	Z	E

______

1. Was gehört zusammen? Verbinde.

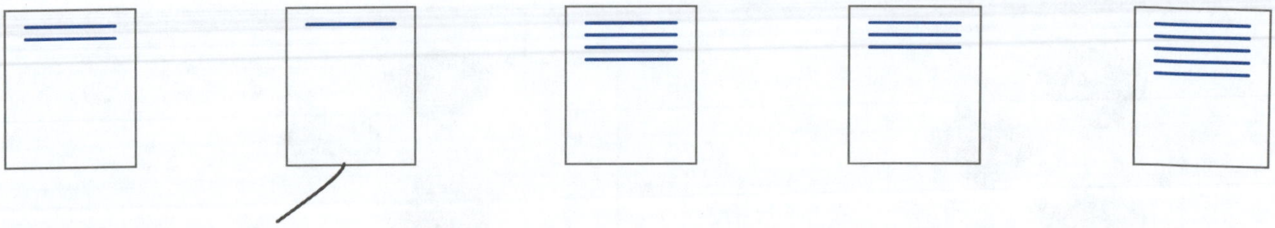

zehn | zwanzig | dreißig | vierzig | fünfzig

sechzig | siebzig | achtzig | neunzig | hundert

2. Zeichne ein passendes Zahlenbild. Schreibe die Zahl mit Ziffern.

a) dreißig 30

b) fünfzig

c) zwanzig

d) zweiunddreißig

e) vierundfünfzig

f) sechsundzwanzig

g) einundvierzig

h) dreiundsechzig

i) fünfundsiebzig

2 Zahlen mit blauem Zehnerstrich und roten Punkten darstellen

1. Welche Zahl wird dargestellt? Trage ein. Schreibe die Zehner blau und die Einer rot.

a)

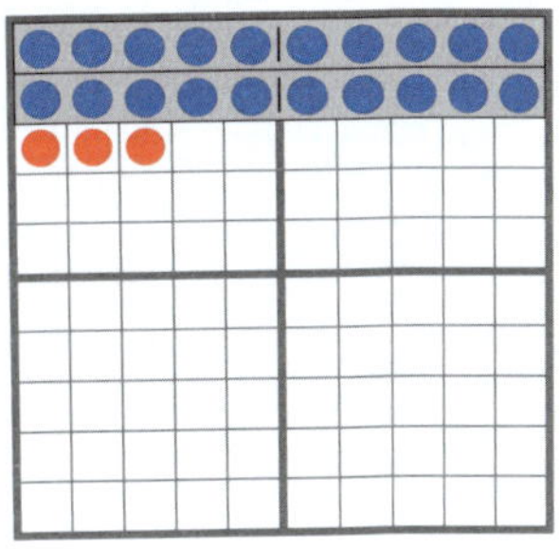

23

b)

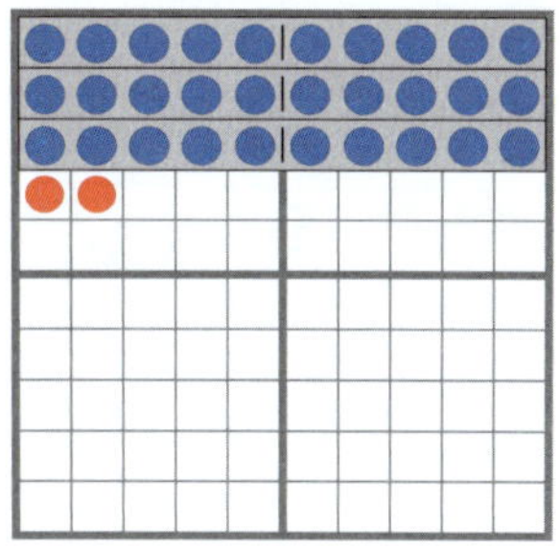

___

c)

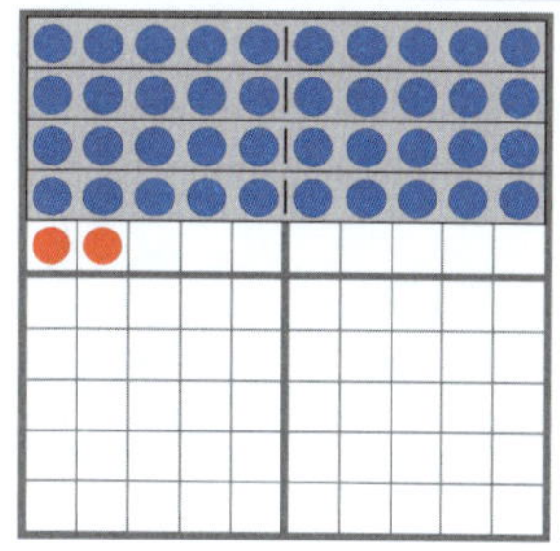

___

d)

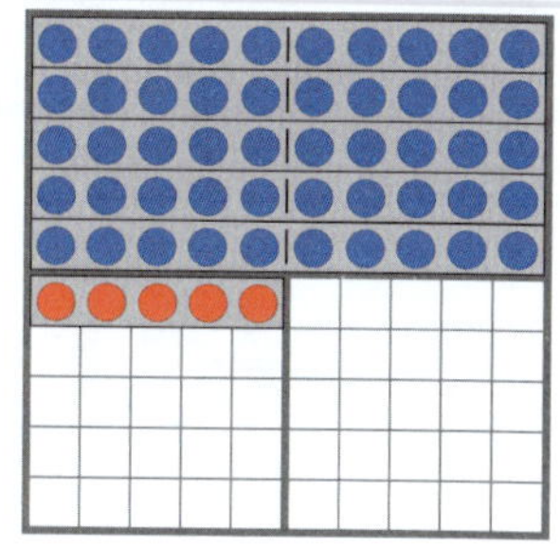

___

e)

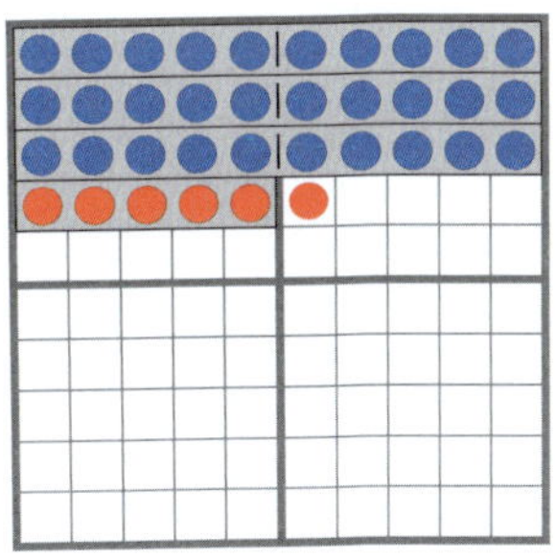

___

f)

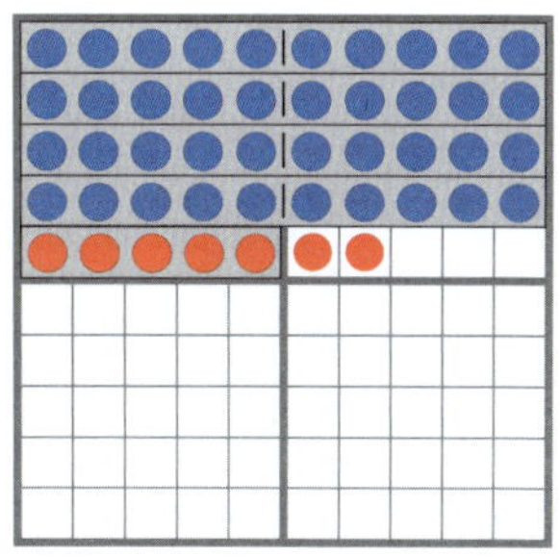

___

g)

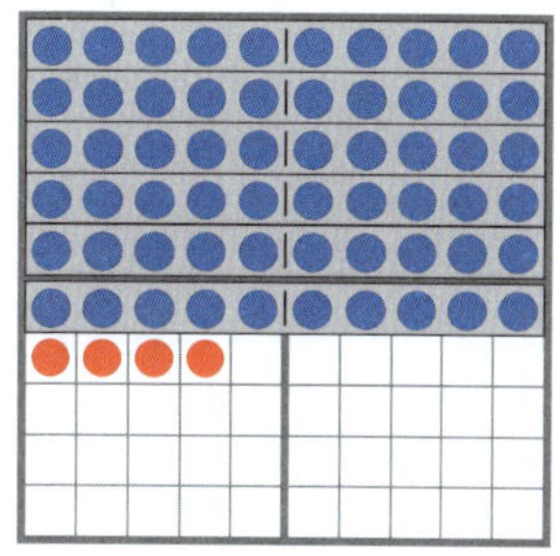

___

h)

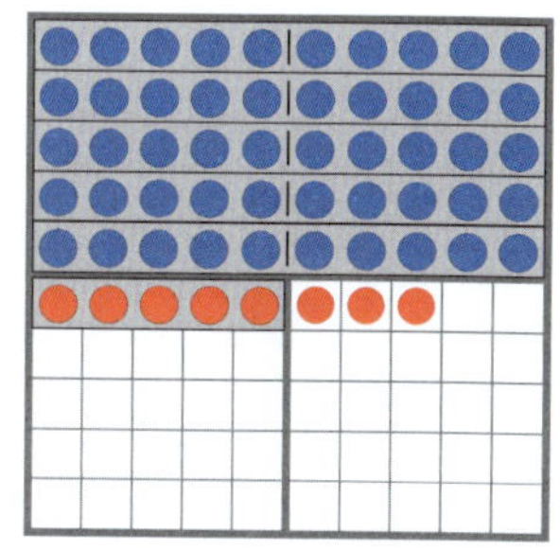

___

2. Lege und rechne. Schreibe die Zehner blau und die Einer rot.

a)

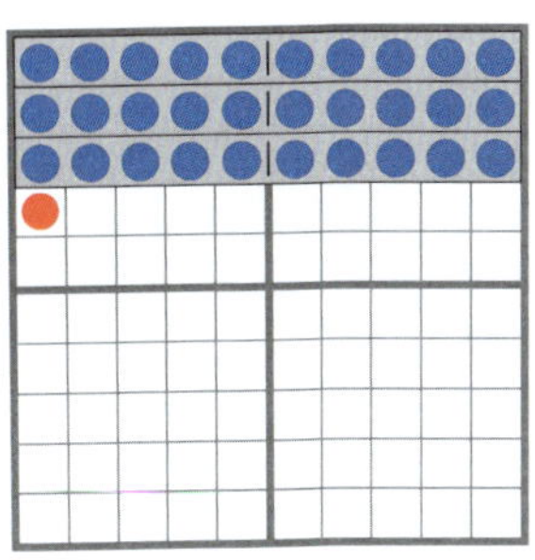

31 = 30 + 1

b)

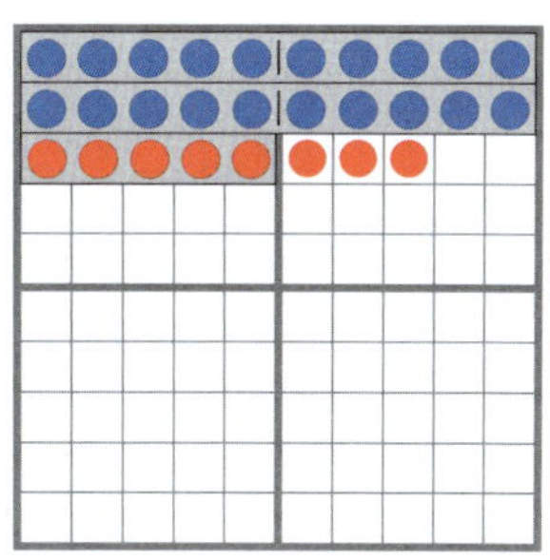

___ = ___ + ___

c)

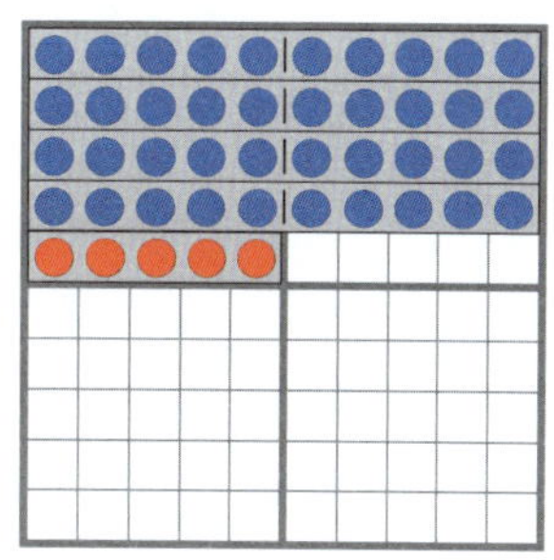

___ = ___ + ___

d)

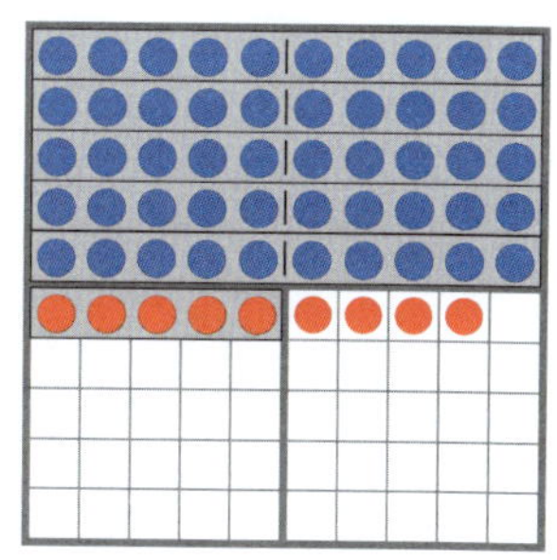

___ = ___ + ___

e)

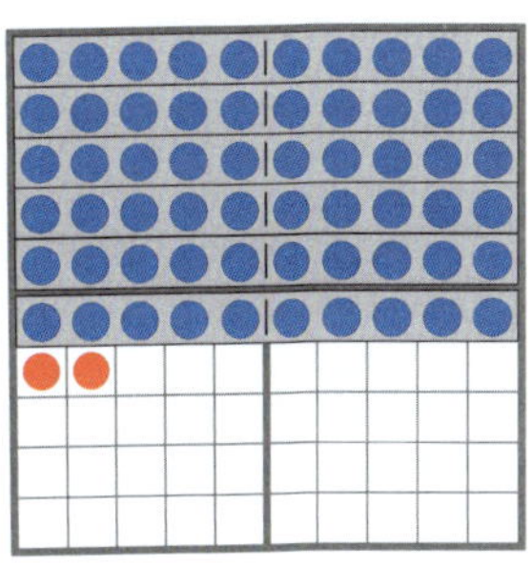

___ = ___ + ___

f)

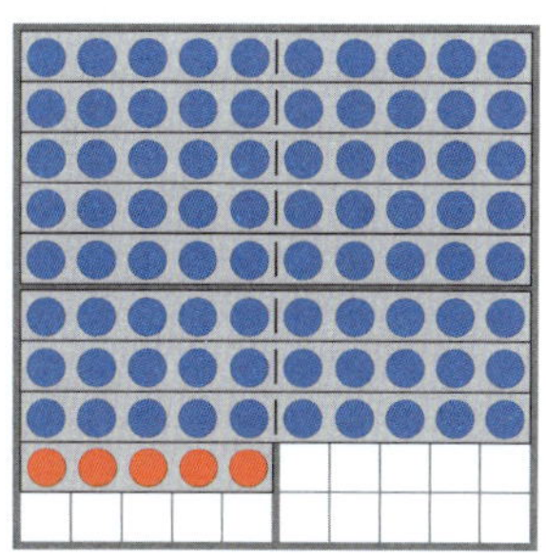

___ = ___ + ___

g)

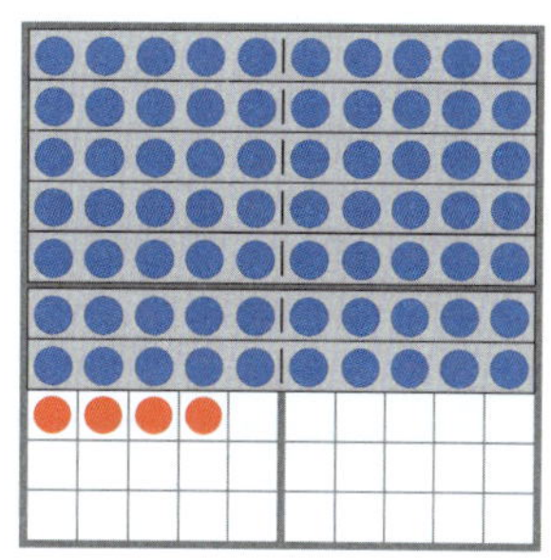

___ = ___ + ___

h)

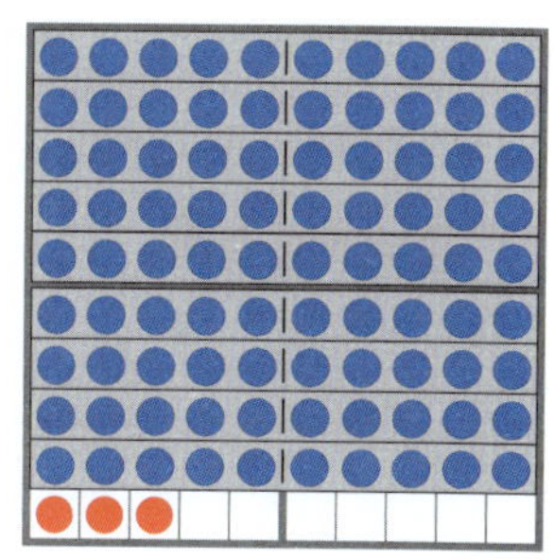

___ = ___ + ___

Zahlzerlegungen

1. Finde die Zerlegungen.

a)

4
___ + 1
2 + ___
___ + 3
0 + ___

40
___ + 10
20 + ___
___ + 30
0 + ___

b)

5
___ + 1
5 + ___
___ + 4
3 + ___

50
___ + 10
50 + ___
___ + 40
30 + ___

c)

6
___ + 2
3 + ___
1 + ___
___ + 1

60
___ + 20
30 + ___
10 + ___
___ + 10

d)

7
6 + ___
5 + ___
___ + 4
1 + ___

70
60 + ___
50 + ___
___ + 40
10 + ___

2. Finde die Zerlegung. Trage ein.

a)

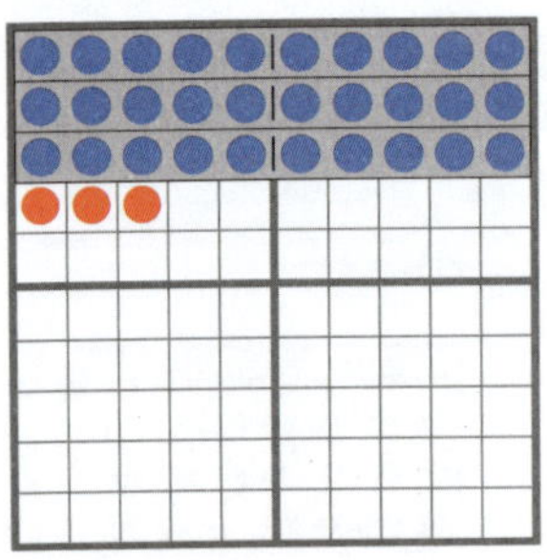

23
___ + ___

b)

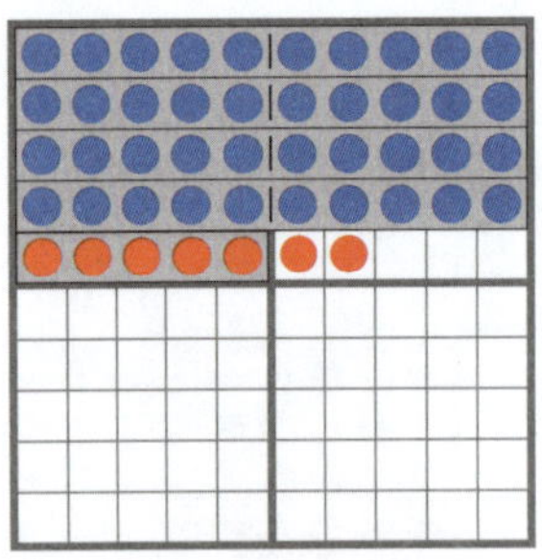

47
___ + ___

c)

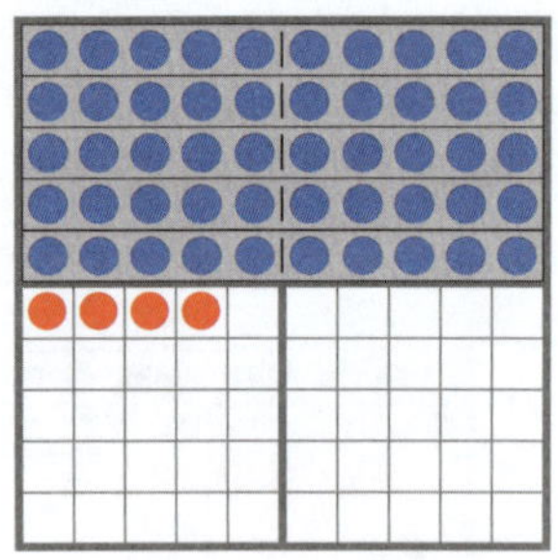

54
___ + ___

d)

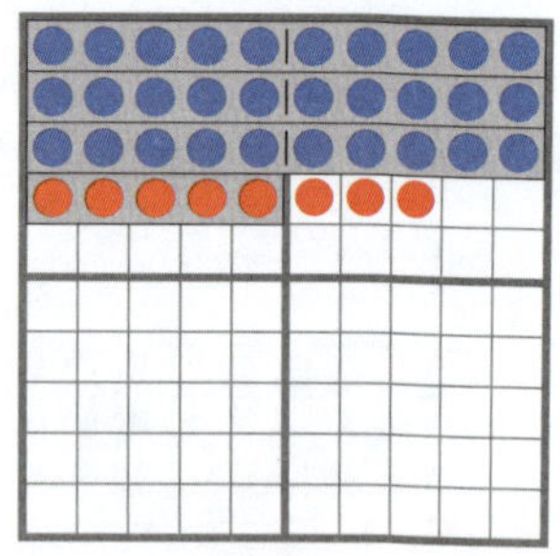

38
___ + ___

e)

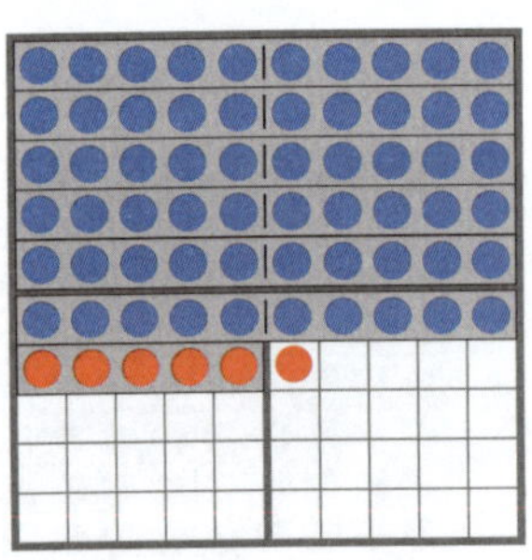

___
___ + ___

f)

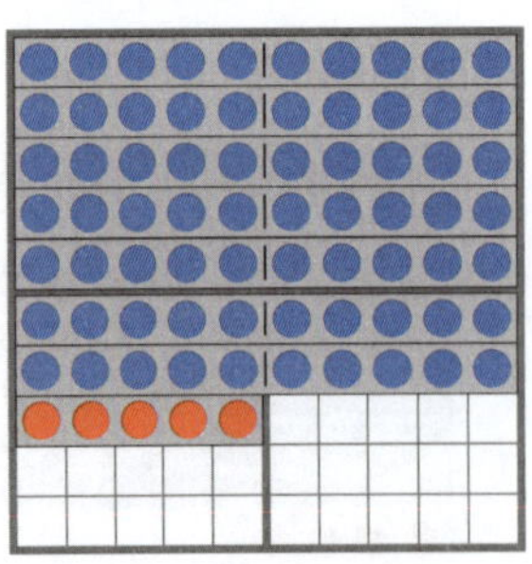

___
___ + ___

g)

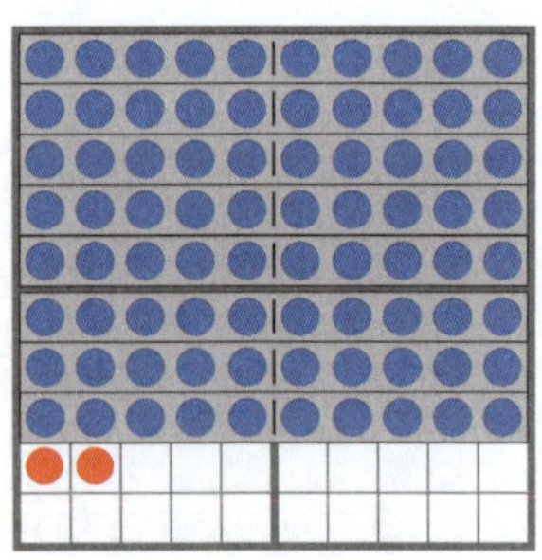

___
___ + ___

h)

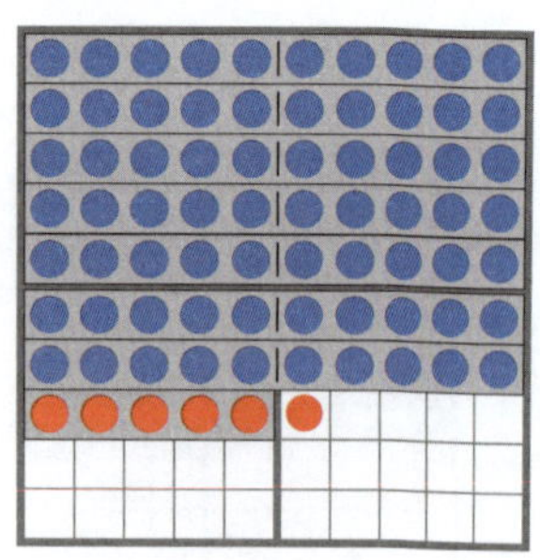

___
___ + ___

1. Trage ein.

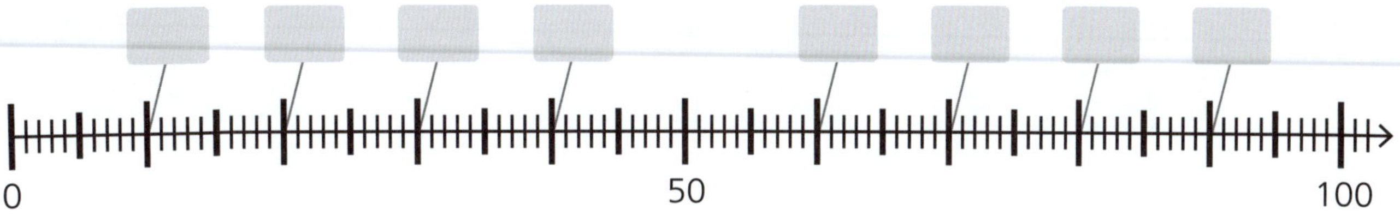

2. Verbinde.

5 15 22 35 61 75 83 99

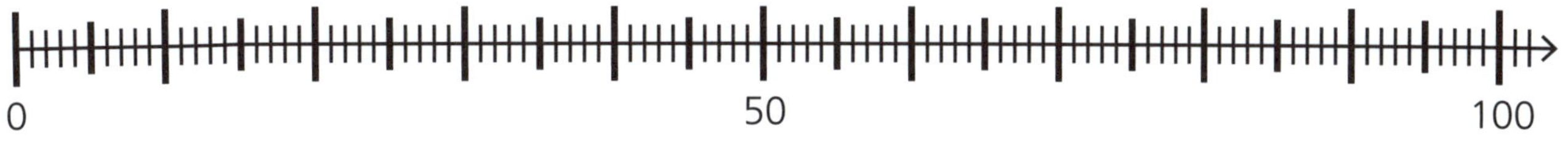

3. Ordne die Zahlen der Größe nach. Beginne mit der kleinsten Zahl. Verwende <.

a) 5 20 15 10 ______________________

b) 11 21 41 31 ______________________

c) 69 71 61 79 ______________________

4. Setze fort. Zeichne die Pfeile und male an.

a)

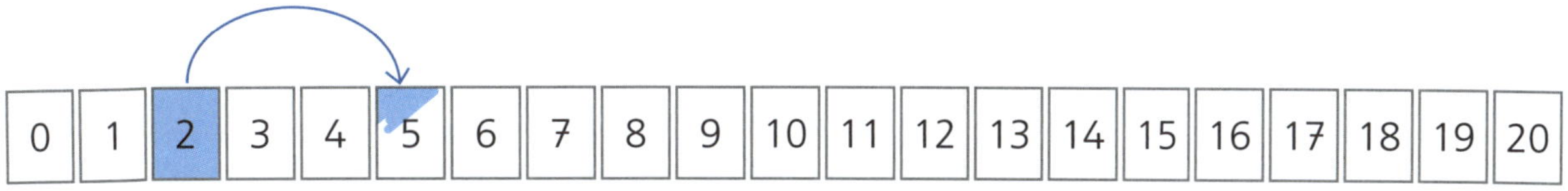

b)

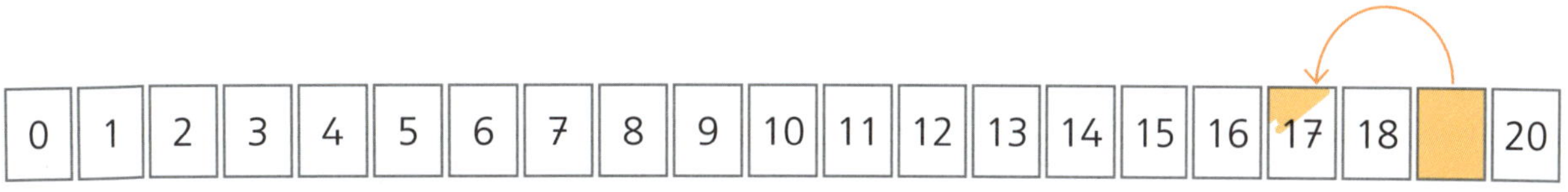

1. Trage Vorgänger und Nachfolger ein.

a)

	10	
	20	

b)

	9	
	19	

c)

		7
		17

d)

	15	
	25	

e)

12		
22		

f)

	19	
	29	

g)

	31	
	41	

h)

	39	
	49	

i)

	45	
	55	

j)

		63
	72	

k)

78		
	89	

l)

	99	
		10

2. Trage die Nachbarzehner in die Tabelle ein.

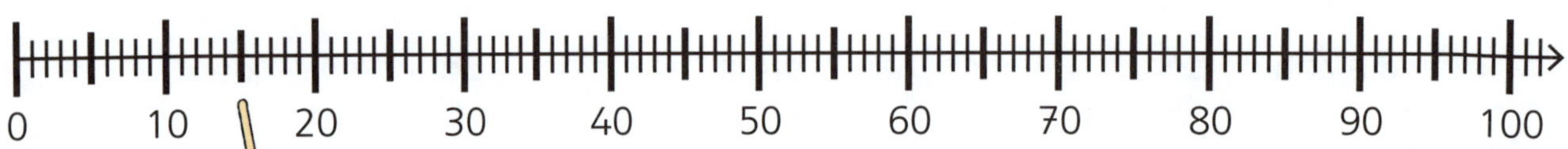

Nachbarzehner	Zahl	Nachbarzehner
10	15	20
	19	
	27	
	31	
	38	
	44	
	53	
	56	
	69	
	72	
	75	
	86	
	92	
	97	

1, 2 Ggf. Zahlenstrahl verwenden

1. Verbinde.

Auf einem Ast saßen 9 Vögel. 3 Vögel fliegen davon.

F: Wie viele Vögel sind es noch?

Max kauft sich ein Buch für 5 € und einen Stift für 4 €.

F: Wie viel muss Mira bezahlen?

Auf dem Boden sitzen 7 Vögel. 4 Vögel fliegen dazu.

F: Wie viel muss Max bezahlen?

Mira kauft einen Teddy für 8 € und ein Auto für 5 €.

F: Wie viele Vögel sind es jetzt?

1. Welche Fragen kannst du beantworten, ohne zu rechnen?
Schreibe die Antworten in das Kästchen.
Bei welcher Frage musst du rechnen? Kreuze an und trage ein.

a)

5 Kinder sitzen im Gras.
4 Kinder kommen dazu.

- ◯ Wie viele Kinder sitzen im Gras? 5
- ⊗ Wie viele Kinder sind es zusammen? ☐
- ◯ Wie viele Kinder kommen dazu? ☐

b)

8 Vögel wollen trinken.
3 Vögel fliegen weg.

- ◯ Wie viele Vögel wollen trinken? ☐
- ◯ Wie viele Vögel sind es insgesamt? ☐
- ◯ Wie viele Vögel fliegen weg? ☐

c)

An der Haltestelle warten 5 Kinder.
7 Kinder kommen dazu.

- ◯ Wie viele Kinder warten an der Haltestelle? ☐
- ◯ Wie viele Kinder kommen noch dazu? ☐
- ◯ Wie viele Kinder sind es insgesamt? ☐

d)

Mira backt 16 Muffins.
Am Abend sind nur noch 8 Muffins übrig.

- ◯ Wie viele Muffins hat Mira gebacken? ☐
- ◯ Wie viele Muffins sind noch übrig? ☐
- ◯ Wie viele Muffins wurden gegessen? ☐

1. Vergleiche die Türme. Setze ein: >, < oder =

a)

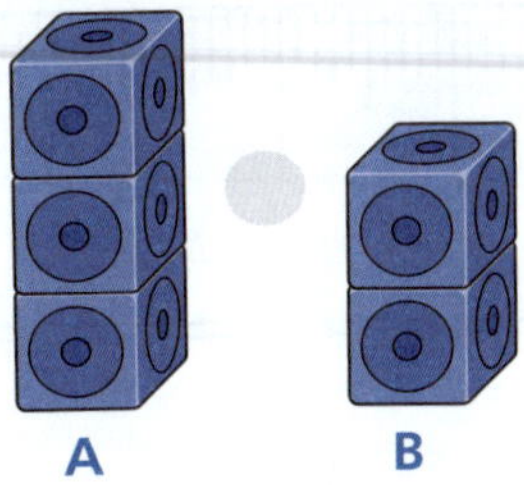

b)

c)

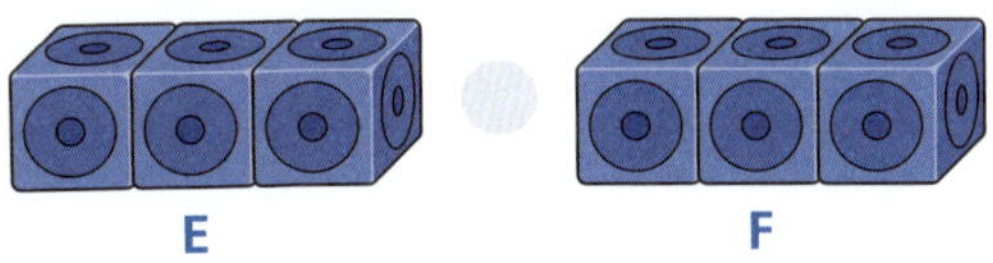

d)

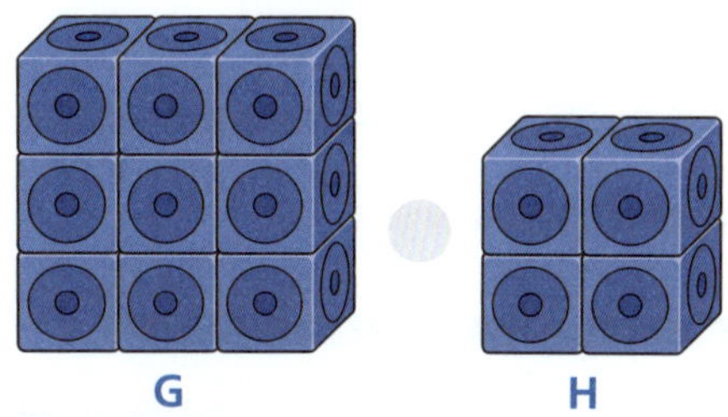

2. Vergleiche die Türme aus Aufgabe 1. Vervollständige die Sätze.

größer | gleich lang | kleiner | breiter

a) Turm A ist ____________________ als Turm B.

b) Turm C ist ____________________ als Turm D.

c) Turm E und F sind ____________________.

d) Der Turm G ist ____________________ als Turm H.

3. Ordne die Stifte der Länge nach. Beginne mit dem kürzesten Stift. Verwende <.

E < ____________________________________

1. Beschrifte das Lineal genau.

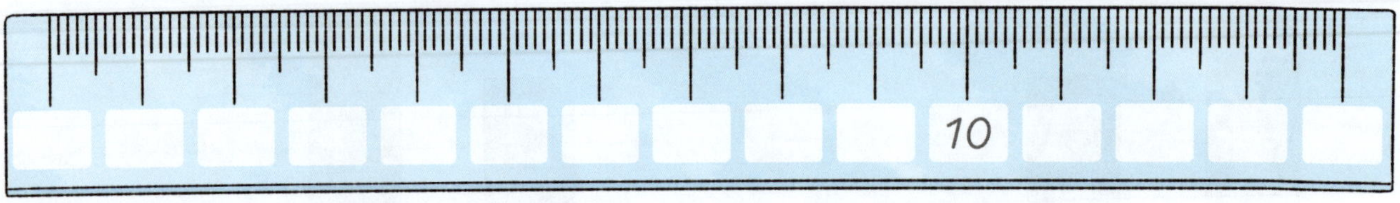

2. Welche Linie ist am längsten? Schätze. Kreuze an.

a)

b)

3. Wie heißen die Messgeräte? Verbinde.

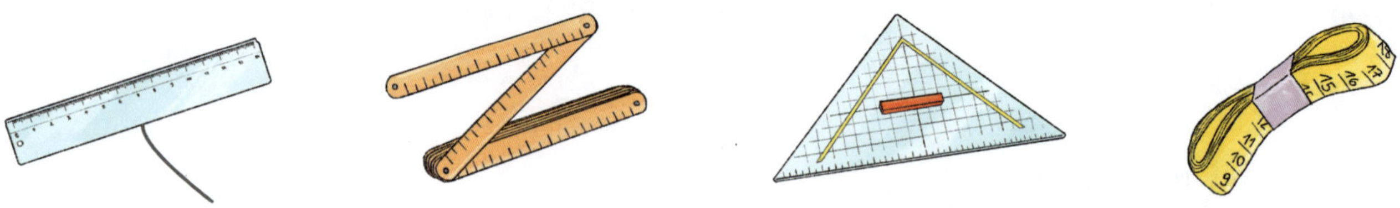

Maßband

Lineal

Zollstock

Geodreieck

4. Welches Seil ist länger? Überprüfe mit einem Wollfaden. Kreuze an.

A

B

○ Seil B ist länger.

○ Die Seile sind gleich lang.

1. Ordne die Gegenstände richtig zu. Trage ein.

kürzer als 1 m	ungefähr 1 m	länger als 1 m

Auto · Tür · Haus · Tafellineal · Bus · 1 Schritt · Hund · Maus · Bleistift

2. Wie groß ist der Gegenstand? Kreuze an.

a) 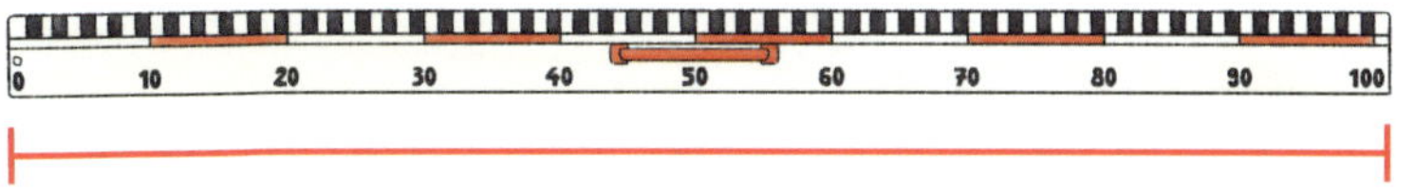

- 1 m
- 20 m

b) 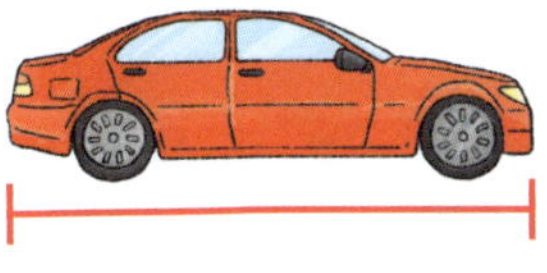

- 100 m
- 4 m

c) 

- 60 m
- 6 m

d) 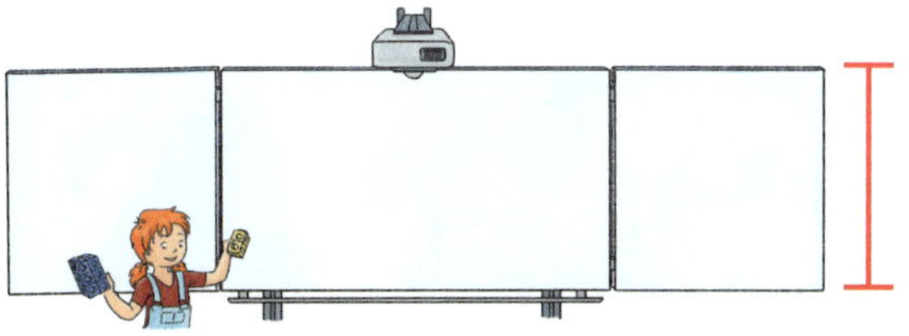

- 1 m
- 40 m

e) 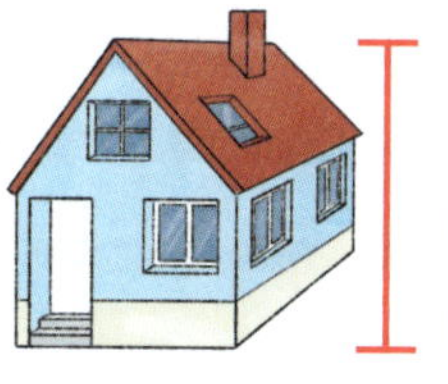

- 26 m
- 5 m

f) 

- 1 m
- 5 m

3. Rechne.

a) 50 cm + 50 cm =

90 cm + 10 cm =

b) 30 cm + 70 cm =

70 cm + 30 cm =

c) 95 cm + 5 cm =

85 cm + 15 cm =

d) 65 cm + 35 cm =

25 cm + 75 cm =

zu Schülerbuchseite 22

1. Miss mit dem Lineal und trage ein.

		gemessen
a) 	Breite des Mathehefts	________ cm
b) 	Länge des Bleistifts	________ cm
c) 	Höhe der Schere	________ cm

2. Miss die Länge der Linie. Trage ein.

a)
b)
c)
d)
e)
f)
g)
h)
i)
j)

a) ____ b) ____ c) ____ d) ____ e) ____

f) ____ g) ____ h) ____ i) ____ j) ____

3. Kann das stimmen? Kreuze an.

a) Ein Schulbuch ist 21 cm breit.
- ○ Ja, das stimmt.
- ○ Nein, das stimmt nicht.

b) Eine Maus ist 50 cm lang.
- ○ Ja, das stimmt.
- ○ Nein, das stimmt nicht.

1 Mehrere Lösungen sind möglich

1. Ordne die Strecken der Länge nach. Beginne mit der kürzesten Strecke.

2. Miss die Länge der Strecke mit deinem Lineal. Trage ein.

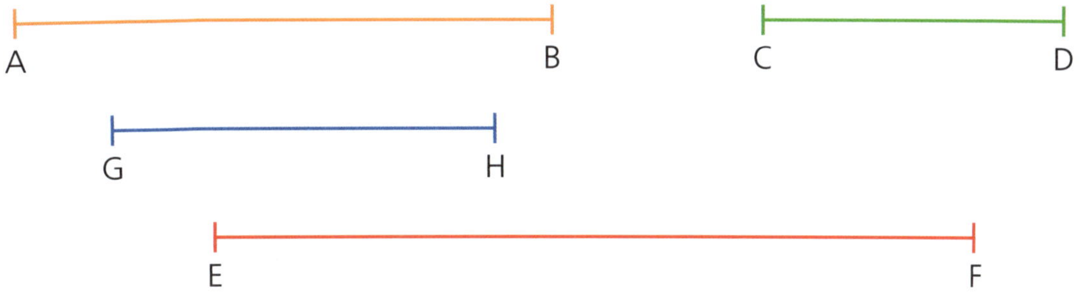

$\overline{AB}$ = ______ cm $\overline{CD}$ = ______ $\overline{EF}$ = ______ $\overline{GH}$ = ______

3. Zeichne die Strecken und beschrifte sie.

a) $\overline{AB}$ = 5 cm

b) $\overline{CD}$ = 8 cm

c) $\overline{EF}$ = 3 cm

d) $\overline{GH}$ = 2 cm

e) $\overline{KL}$ = 4 cm

1. Meter oder Zentimeter? Trage ein.

a) 

30 ______

b) 
2 ______

c) 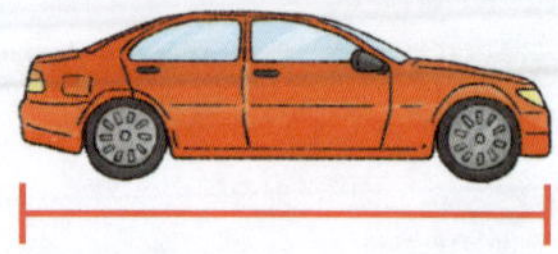
4 ______

d) 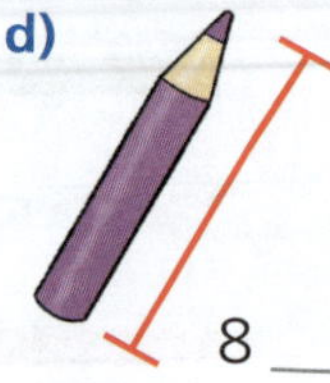
8 ______

e) Ein Baum ist 10 ______ hoch.

f) Ein Schritt ist 50 ______ lang.

g) Ein Bus ist 18 ______ lang.

h) Eine Birne ist 10 ______ hoch.

2. Miss deine Körpermaße in Meter und Zentimeter.

a) Elle 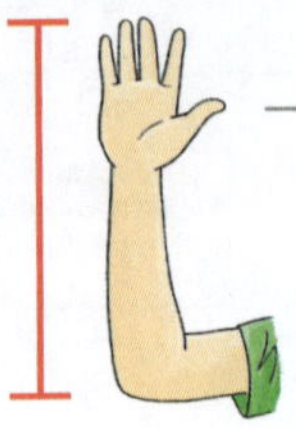 ______ cm

b) 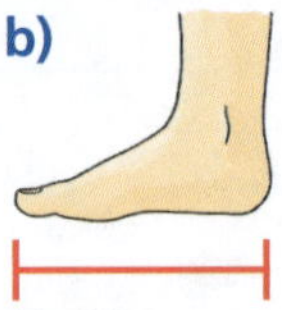 ______ cm

Fußlänge

c)  ______ m ______ cm

3. Setze ein: >, < oder =

a)
1 m ◯ 4 m
11 m ◯ 11 m
6 m ◯ 2 m

b)
79 cm ◯ 79 cm
30 cm ◯ 100 cm
29 cm ◯ 3 cm

c)
100 cm ◯ 1 m
80 cm ◯ 8 m
10 cm ◯ 2 m

4. Ordne der Größe nach. Beginne mit der längsten Strecke. Verwende >.

a) 3 m | 30 m | 13 m | 5 m | 15 m

____

b) 4 cm | 6 cm | 79 cm | 80 cm | 18 cm

____

c) 5 m | 90 cm | 6 cm | 9 m | 4 m

____

2 Mehrere Lösungen sind möglich

1. Zeichne ein Bild mit folgenden Formen.

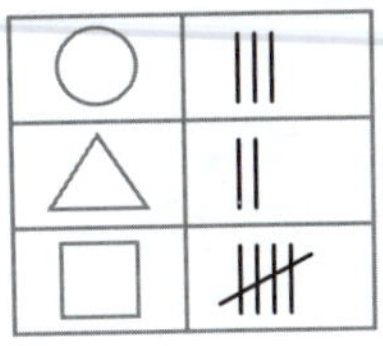

2. Markiere die Ecken rot und die Seiten blau. Zähle.

	Rechteck	Dreieck	Kreis	Quadrat
Ecken				
Seiten				

3. Zeichne die Figur genau ab.

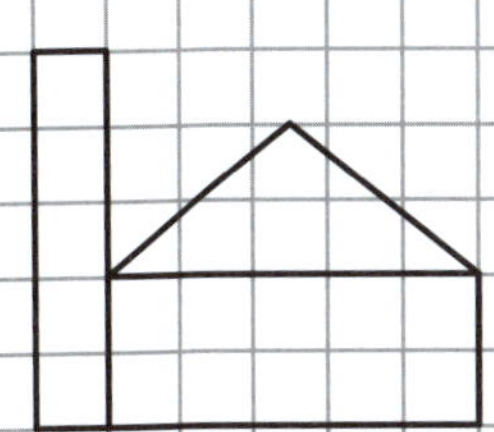

1 Mehrere Lösungen sind möglich

 zu Schülerbuchseite 28

1. Finde das Spiegelbild. Kreuze an.

a) 

A 

B 

C 

b) 

A 

B 

C 

c) 

A 

B 

C 

2. Ergänze das Spiegelbild. Kontrolliere mit dem Spiegel.

a)

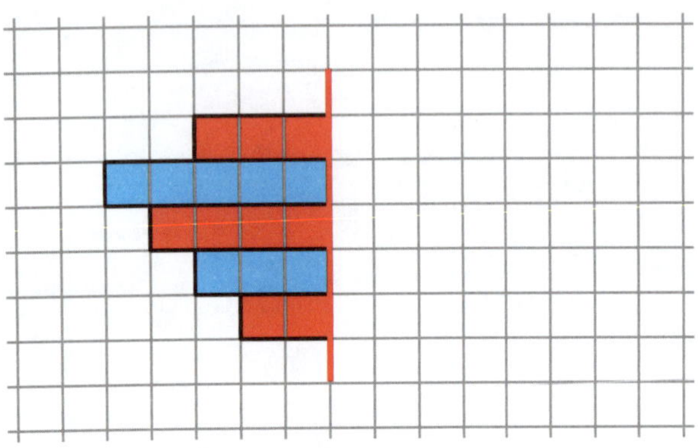

b)

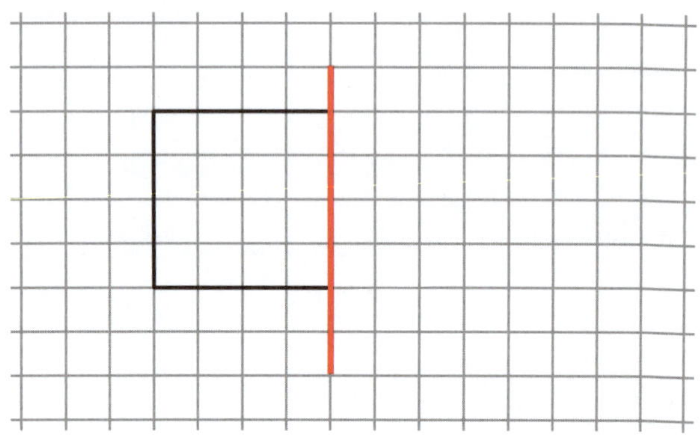

c)

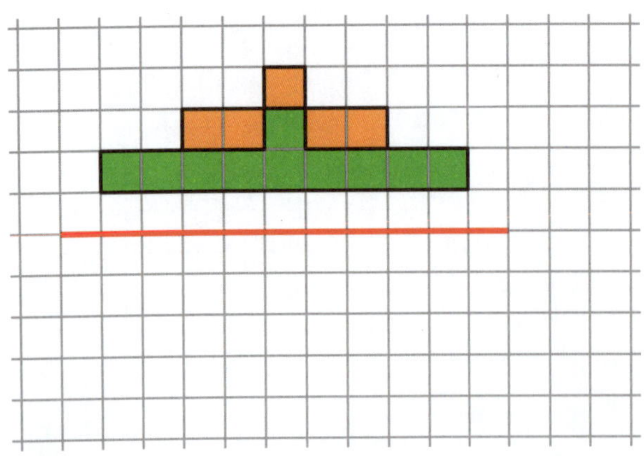

d)

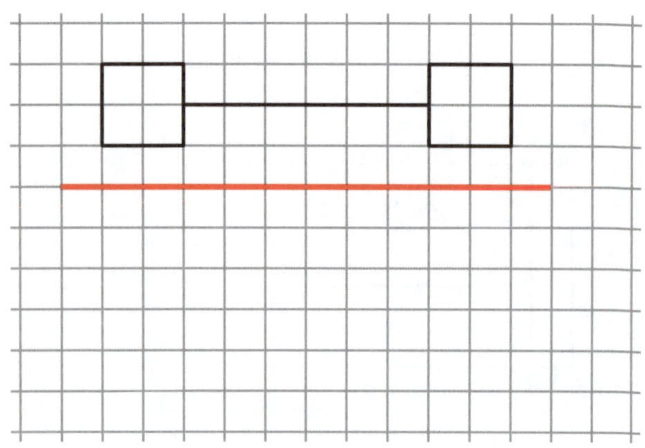

1 Ggf. Kontrolle mit dem Spiegel
2 Spiegel verwenden

1. Spanne nach. Wie heißt die Form? Verbinde.

a) b) c) d) e)

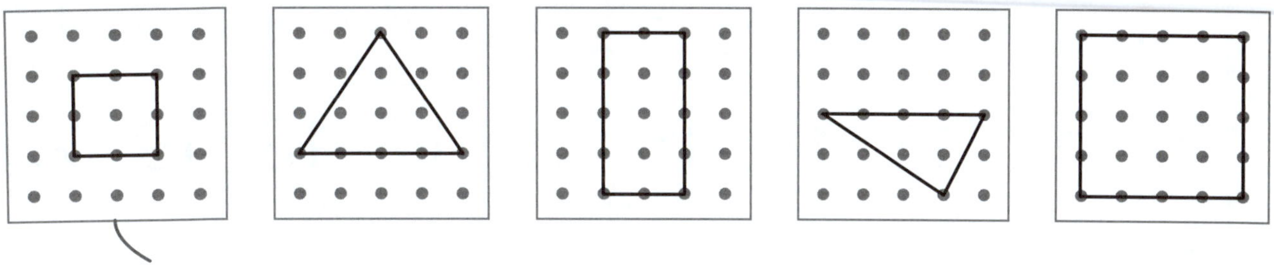

Dreieck | Quadrat | Rechteck

2. Spanne die Rechtecke und Quadrate auf dem Geobrett nach. Finde weitere Figuren.

a) b) c) d) e)

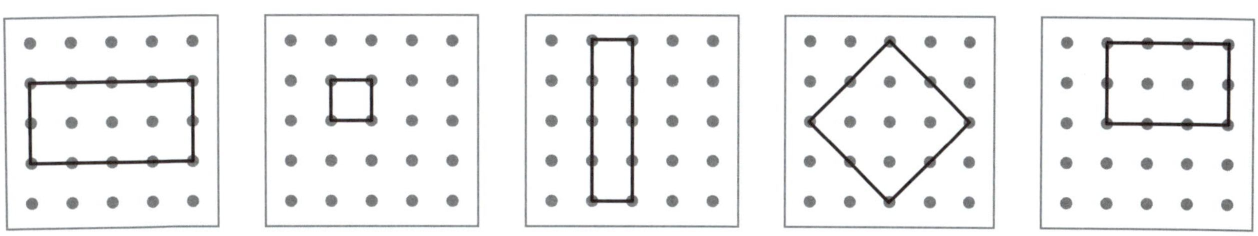

f) g) h) i) j)

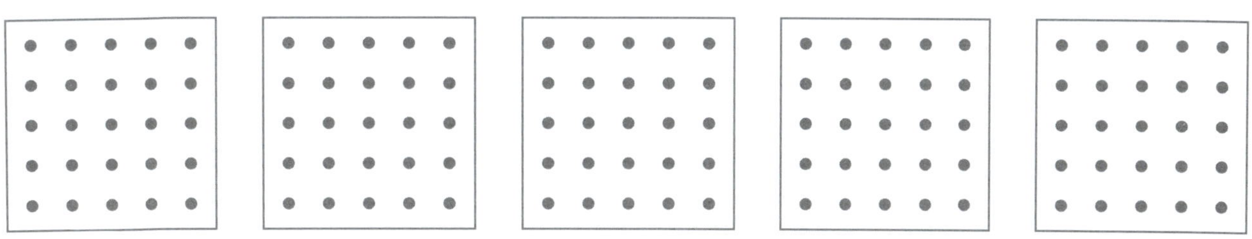

3. Finde die Spiegelachsen. Zeichne sie rot ein.

a) b) c) d) e)

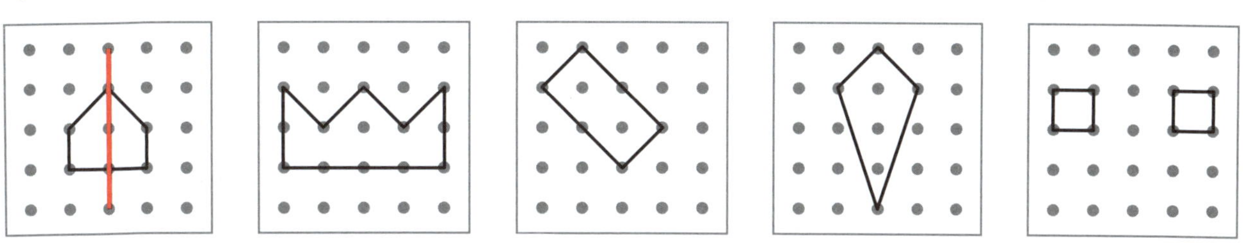

1, 2 Geobrett verwenden
2 Mehrere Lösungen sind möglich

1. Spure alle weißen Zahlen mit Farbe nach: Zehner blau, Einer rot.

1	2	3	4	5	6	7	8	9	10
11	12	13	14	15	16	17	18	19	20
21	22		24	25	26	27	28		30
31	32	33		35	36	37		39	40
41	42	43	44		46		48	49	
51	52	53	54	55	56	57	58	59	60
61	62			65	66	67			70
71	72	73	74	75	76	77	78	79	80
81	82	83			86			89	
91	92	93	94	95	96	97	98	99	100

2. Trage die fehlenden Zahlen oben in der Hundertertafel ein: Zehner blau, Einer rot.

3. Trage die fehlenden Zahlen ein: Zehner blau, Einer rot.

a)

71		73	74	

b)

7
17
47

c)

61
81

d)

25
45

e)

56			59	

1–3 Ggf. Hundertertafel verwenden
2 Fehlende Zahlen in Aufgabe 1 eintragen

1. Welche Aufgaben gehören zusammen? Verbinde. Schreibe und rechne.

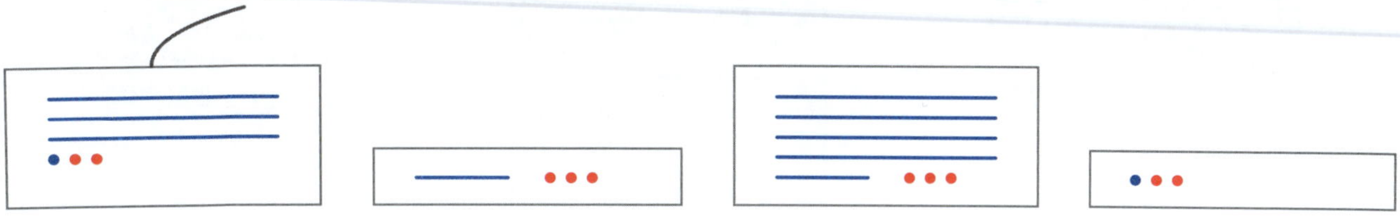

☐ + ☐ = ☐ ☐ + ☐ = ☐ ☐ + ☐ = ☐ ☐ + ☐ = ☐

2. Zeichne die Aufgaben. Rechne die kleine Aufgabe zuerst.

a) 46 + 1 = ☐ 6 + 1 = ☐

b) 24 + 2 = ☐ 4 + 2 = ☐

3. Trage ein. Rechne die kleine Aufgabe zuerst.

a) 31 + 5 = ☐
1 + 5 = ☐

b) 57 + 2 = ☐
7 + 2 = ☐

c) 63 + 4 = ☐
3 + 4 = ☐

4. Welche Aufgaben gehören zusammen? Verbinde. Schreibe und rechne.

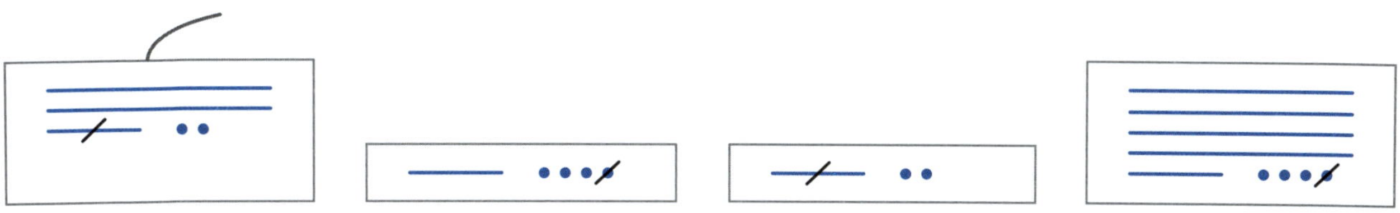

☐ – ☐ = ☐ ☐ – ☐ = ☐ ☐ – ☐ = ☐ ☐ – ☐ = ☐

5. Zeichne die Aufgaben. Rechne die kleine Aufgabe zuerst.

a) 34 – 1 = ☐ 4 – 1 = ☐

b) 58 – 2 = ☐ 8 – 2 = ☐

6. Trage ein. Rechne die kleine Aufgabe zuerst.

a) 48 – 5 = ☐
8 – 5 = ☐

b) 26 – 3 = ☐
6 – 3 = ☐

c) 89 – 1 = ☐
9 – 1 = ☐

1, 2, 4, 5 Ggf. Hunderterfeld, Zehnerstreifen und Plättchen verwenden

1. Zeichne und rechne.

a)

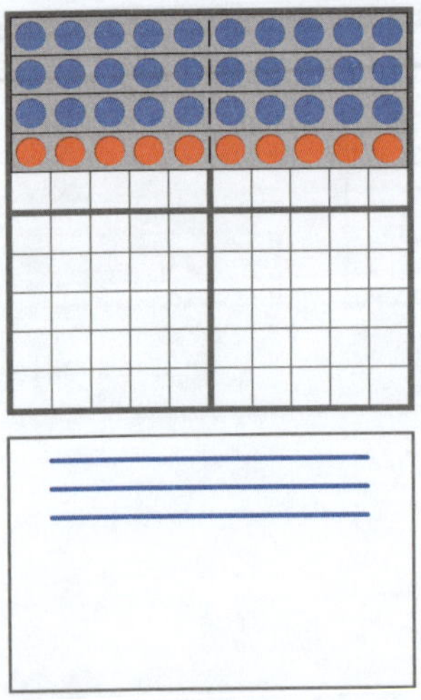

30 + ☐ = ☐

3Z + ☐ = ☐

b)

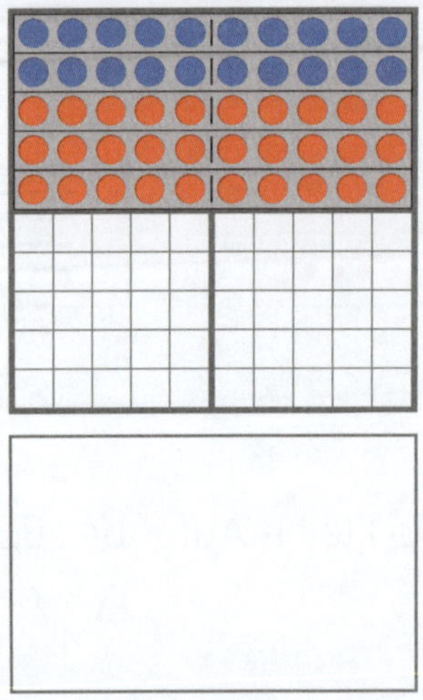

☐ + ☐ = ☐

☐ + ☐ = ☐

c)

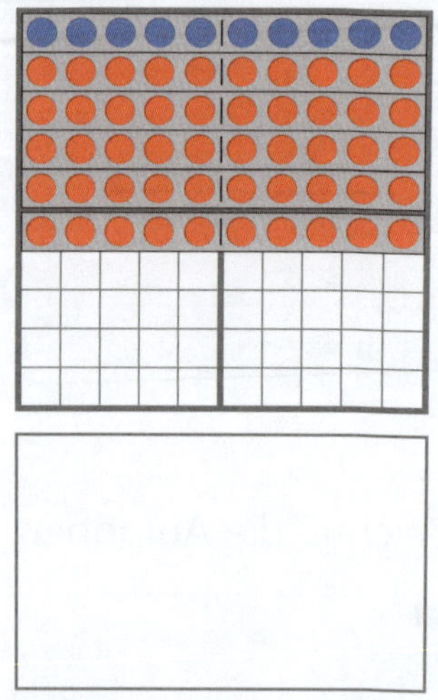

☐ + ☐ = ☐

☐ + ☐ = ☐

2. Zeichne, streiche durch und rechne.

a)

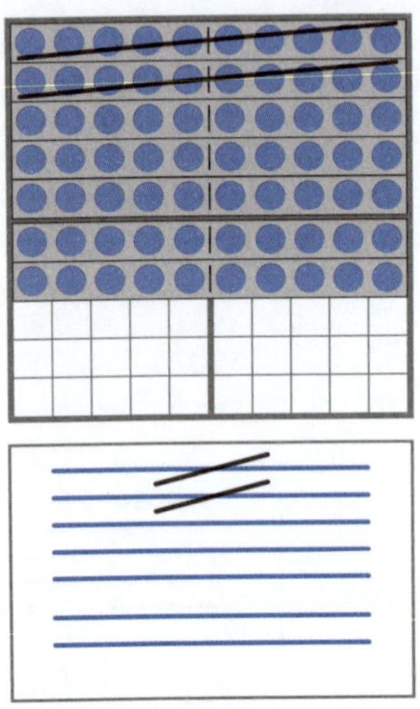

70 − ☐ = ☐

7Z − ☐ = ☐

b)

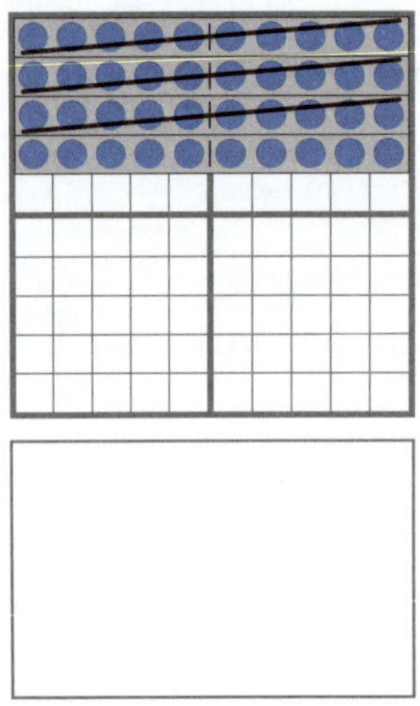

☐ − ☐ = ☐

☐ − ☐ = ☐

c)

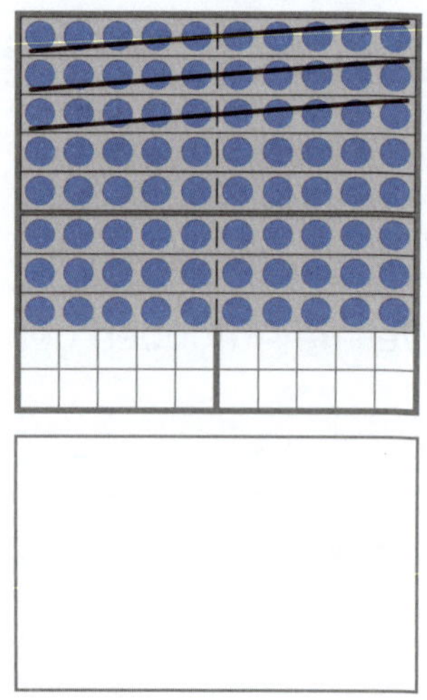

☐ − ☐ = ☐

☐ − ☐ = ☐

3. Rechne.

a)

50 + 10 =

5Z + Z = Z

b)

c)

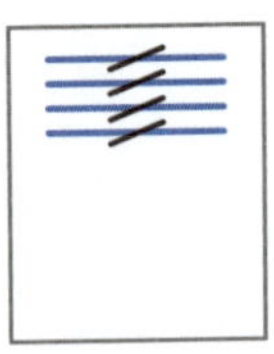

40 − =

Z − =

d)

3 Ggf. Zehnerstreifen verwenden

1. Wie viel Cent sind es?

a)

ct

b)

c)

d)

2. Wie viel Euro sind es?

a)

€

b)

c)

d)

3. Verbinde Euro mit €. Verbinde Centmünzen mit ct. Wie viel Euro und Cent sind es?

a)

€ ct

b)
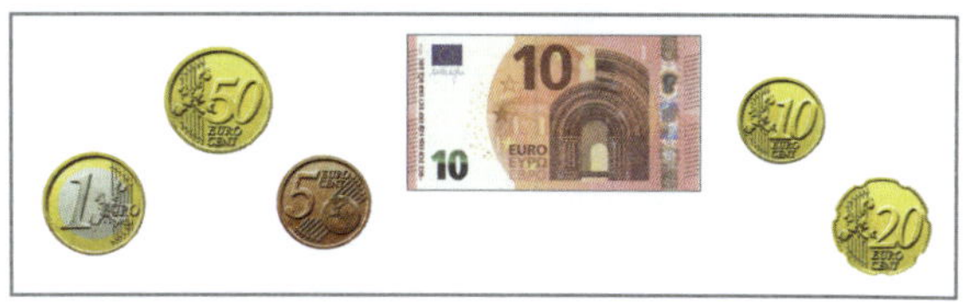
€ ct

4. Finde die Fehler. Streiche durch und verbessere.

a) 6 ct — 6 ct

b) 10 ct, 3 ct — 13 ct

c) 5 €, 4 € — 9 €

d) 70 € — 70 €

5. Umkreise immer 1 €. Denke daran: 100 ct = 1 €.

1–3 Ggf. Spielgeld verwenden
4 Falsche Münzen und Scheine durchstreichen und richtige Lösung malen

1. Welche Skizze passt? Kreuze an. Löse die Sachaufgabe.

a) Tim wirft den Ball 14 m weit.
Max wirft 5 m kürzer.

F: Wie weit wirft Max?

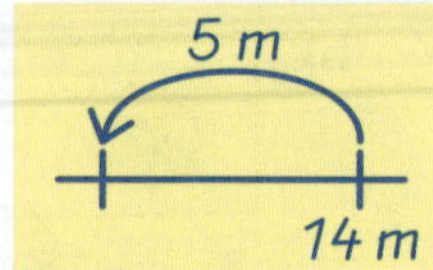

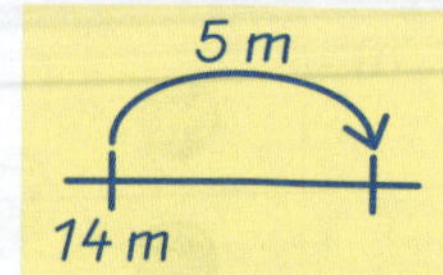

R:

A:

b) Emma hat 28 Kirschen.
Sie isst 4 Kirschen.

F: Wie viele Kirschen bleiben übrig?

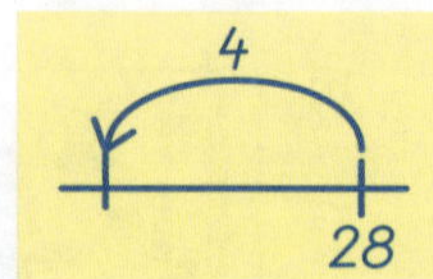

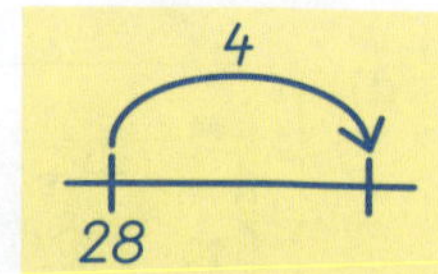

R:

A:

c) Mira sammelt Sticker. Sie hat schon 23 Stück.
Hanna schenkt ihr 3 Sticker.

F: Wie viele Sticker hat Mira jetzt?

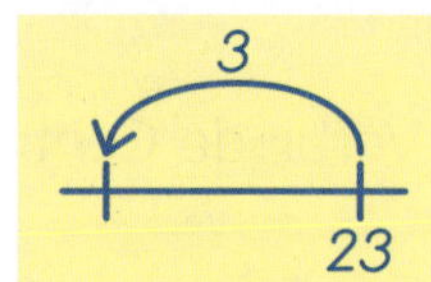

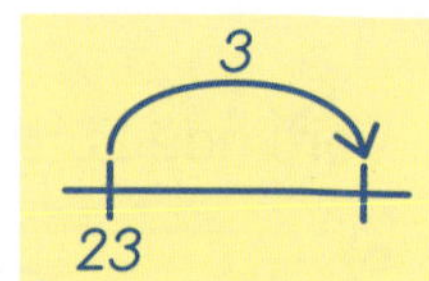

R:

A:

2. Hier fehlt bei der Skizze etwas. Vervollständige.
Löse die Sachaufgabe.

a) Tim hat 22 Murmeln.
Hanna hat 6 Murmeln mehr.

F: Wie viele Murmeln hat Hanna?

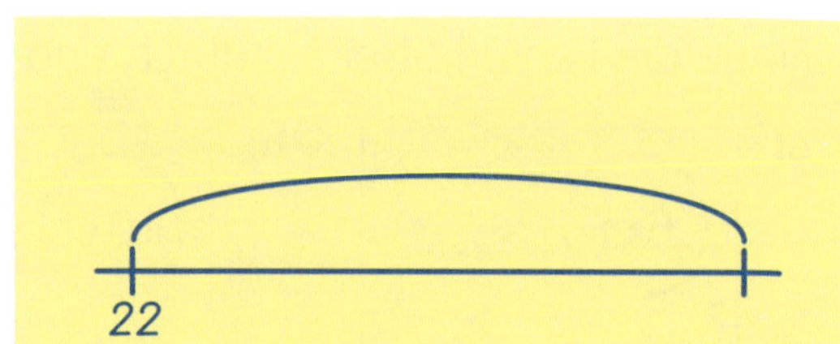

R:

A:

b) In einer Packung sind 39 Kekse.
Emma isst 2 Kekse.

F: Wie viele Kekse sind noch in der Packung?

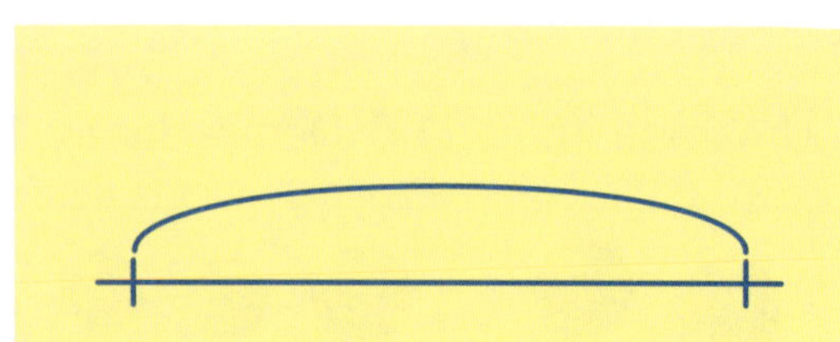

R:

A:

1. Finde die Aufgabenfamilie und rechne.

a) 5 1 4
4 + 1 =
+ =
− =
− =

b) 50 10 40
40 + =
+ =
− =
− =

c) 34 5 39
+ =
+ =
− =
− =

d) 21 3 24
+ =
+ =
− =
− =

2. Rechne.

a) 60 30
b) 80; 40
c) 28 1
d) 39; 33
e) 30 10 20
f) 40 50; 10
g) 2 2 51
h) 4; 40 3

3. Setze fort und rechne.

a)
52 + 1 =
52 + 2 =
52 + =
+ =
+ =
+ =

b)
49 − 4 =
48 − 4 =
47 − =
− =
− =
− =

c)
15 + 3 =
25 + 3 =
35 + =
+ =
+ =
+ =

4. Rechne.

a) 30; 10 50
b) 50; 40 50
c) 3; 2 41
d) 22; 5 4

1. Bringe die Waage ins Gleichgewicht. Male dazu oder streiche weg. Rechne.

a)

2

4 – 2 = 2

b)

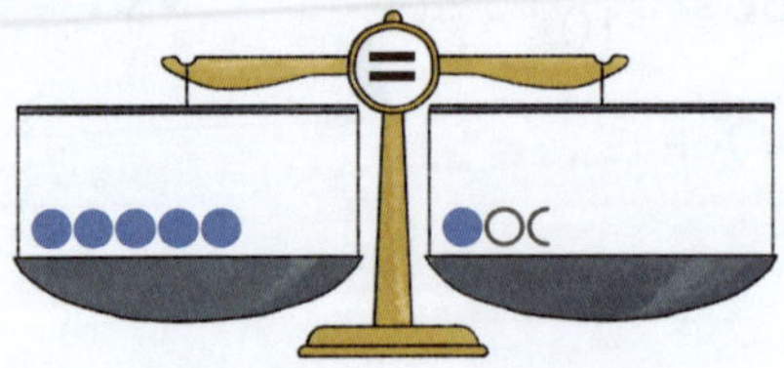

5

= 1 +

c)

=

2. Verändere eine Seite der Waage, damit sie stimmt. Male dazu oder streiche weg. Rechne.

a)

4

3 < 1 +

b)

>

c)

<

d)

>

e)

>

f)

<

3. Rechne und setze ein: >, < oder =

a)

16

15 + 1 < 20

31 + 8 ◯ 36

47 – 2 ◯ 45

24 – 3 ◯ 25

b)

13 ◯ 19 – 2

26 + 3 ◯ 29

44 ◯ 48 – 1

52 + 5 ◯ 60

c)

90

20 + 50 ◯ 100 – 10

30 + 40 ◯ 80 – 20

17 – 5 ◯ 11 + 1

24 + 2 ◯ 29 – 5

1, 2 Mehrere Lösungen sind möglich; ggf. mit einer Balkenwaage nachstellen

1. Kennst du die Reihenfolge der Monate? Trage 1 bis 12 ein.

	Februar		Dezember		September		Juli
	Oktober		März		April		Mai
1	Januar		November		Juni		August

2. Schreibe die Wochentage der Reihe nach auf.

Freitag | Mittwoch | Donnerstag | Montag | Sonntag | Dienstag | Samstag

Montag, ______________________________

____

3. Schreibe das Datum wie Tim.

a) 22. Januar 2025: ____________

b) 16. August 2027: ____________

c) 27. März 2029: ____________

d) 4. Februar 2023: ____________

e) 29. November 2029: ____________

f) 15. Juli 2024: ____________

g) 29. Mai 2025: ____________

h) 16. September 2022: ____________

4. Schreibe das Datum wie Emma.

a) 29.01.28: ____________

b) 05.04.22: ____________

c) 16.07.28: ____________

d) 31.12.24: ____________

e) 03.11.27: ____________

f) 17.05.26: ____________

g) 29.08.25: ____________

1. In der Tabelle stehen die Lieblingsfächer der Kinder aus der Klasse 2a.
Zeichne die Säulen in das Diagramm ein.

Fächer	Anzahl
Mathe	7
Deutsch	5
Sport	3
Kunst	2
Musik	1
Sachunterricht	4
Religion	2

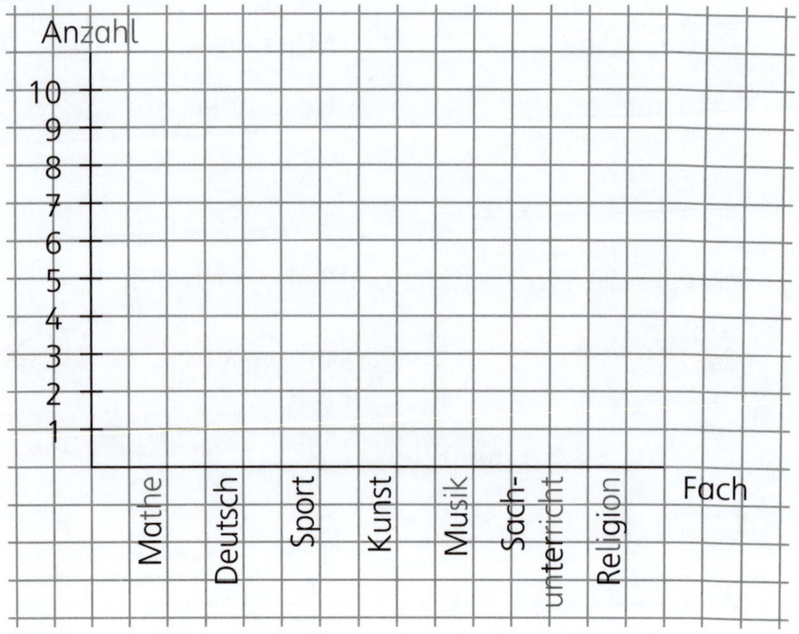

2. Das Säulendiagramm zeigt, welche Lieblingsfächer die Kinder der Klasse 2b haben.

a) Fülle die Tabelle aus.

Fächer	Anzahl
Mathe	
Deutsch	
Sport	
Kunst	
Musik	
Sachunterricht	
Religion	

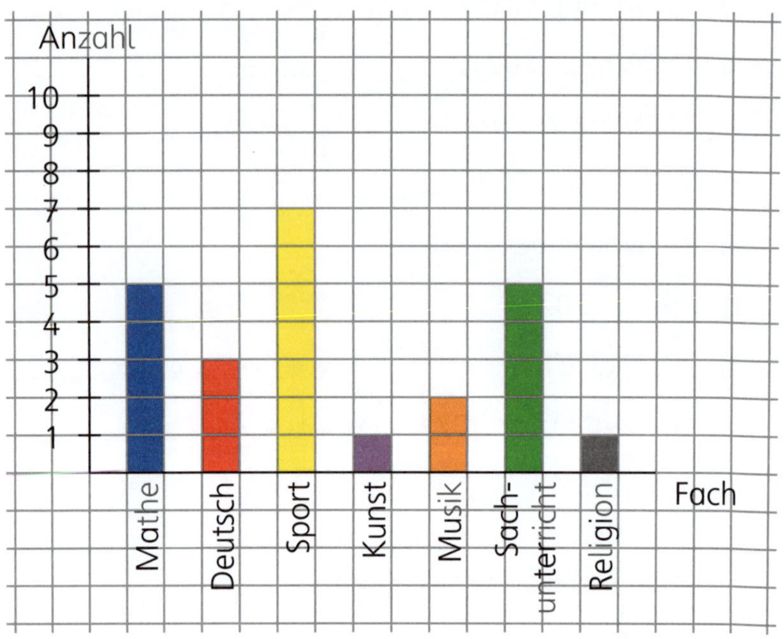

b) Trage die richtige Antwort in die Lücken ein.

In der Klasse 2b sind _____ Kinder.

Das Lieblingsfach der Klasse 2b ist ______________________________.

Die Fächer Deutsch oder Mathematik mögen insgesamt _____ Kinder.

1. Lege und rechne.

a) 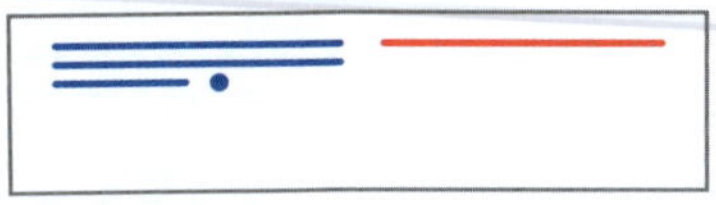

26 + 10 = ___

b) 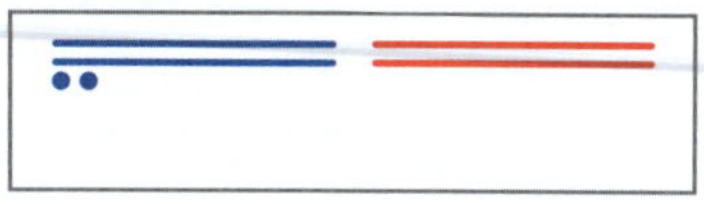

22 + 20 = ___

c) 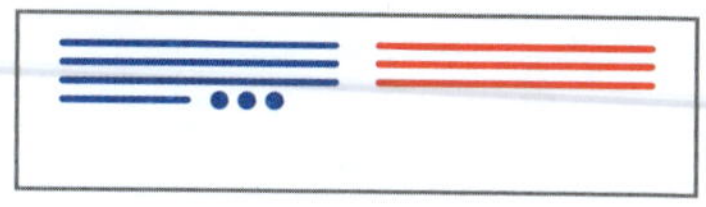

38 + 30 = ___

d) 

___ + ___ = ___

e) 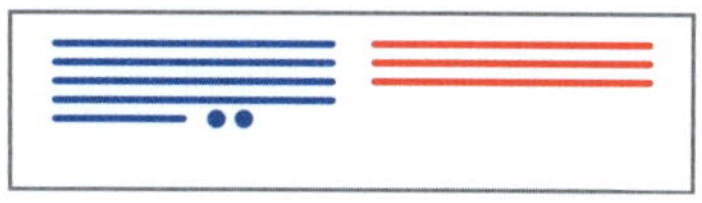

___ + ___ = ___

f) 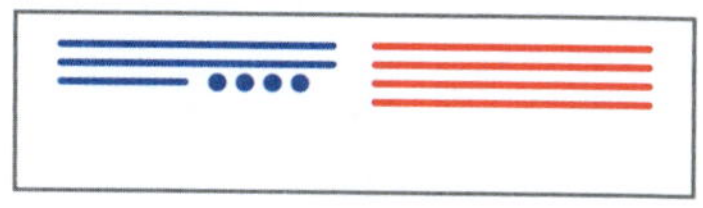

___ + ___ = ___

2. Zeichne und rechne.

a) 

18 + 10 = ___

b) 29 + 30 = ___

c) 14 + 50 = ___

d) 33 + 10 = ___

e) 46 + 30 = ___

f) 51 + 30 = ___

g) 25 + 60 = ___

h) 18 + 80 = ___

i) 60 + 11 = ___

3. Lege und rechne.

a)
11 + 40 = ___
37 + 10 = ___
36 + 10 = ___
28 + 20 = ___

b)
31 + 30 = ___
19 + 20 = ___
24 + 30 = ___
29 + 20 = ___

c)
12 + 50 = ___
65 + 30 = ___
77 + 20 = ___
24 + 50 = ___

d)
55 + 40 = ___
49 + 40 = ___
27 + 50 = ___
41 + 30 = ___

1, 3 Fünfer- und Zehnerstreifen und Plättchen verwenden

Subtraktion – Zehnerzahlen (ZE – Z)

1. Lege und rechne.

a) 

39 – 20 = ___

b) 

43 – 30 = ___

c) 

62 – 40 = ___

d) 

___ – ___ = ___

e) 

___ – ___ = ___

f) 

___ – ___ = ___

2. Lege, zeichne und rechne.

a) 

33 – 20 = ___

b) 48 – 30 = ___

c) 63 – 50 = ___

d) 57 – 20 = ___

e) 28 – 20 = ___

f) 51 – 40 = ___

g) 75 – 60 = ___

h) 85 – 60 = ___

3. Lege und rechne.

a)	b)	c)	d)
45 – 20 = ___	63 – 40 = ___	51 – 30 = ___	77 – 40 = ___
46 – 20 = ___	51 – 50 = ___	82 – 70 = ___	85 – 70 = ___
29 – 10 = ___	49 – 40 = ___	65 – 10 = ___	76 – 70 = ___

1–3 Fünfer- und Zehnerstreifen und Plättchen verwenden

1. Male und rechne.

a)

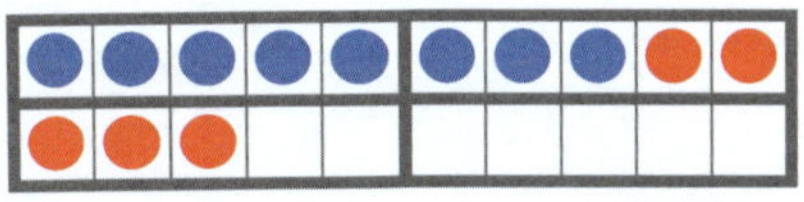

8 + 5 = ___

___ + ___ + ___ = ___

b)

9 + 4 = ___

___ + ___ + ___ = ___

c)

5 + 6 = ___

___ + ___ + ___ = ___

d)

8 + 7 = ___

___ + ___ + ___ = ___

e)

9 + 3 = ___

___ + ___ + ___ = ___

f)

5 + 9 = ___

___ + ___ + ___ = ___

2. Lege, male und rechne.

a)

37 + 6 = ___

___ + ___ + ___ = ___

b)

48 + 7 = ___

___ + ___ + ___ = ___

c)

29 + 6 = ___

___ + ___ + ___ = ___

3. Rechne.

a) 17 + 7 = ___

___ + ___ + ___ = ___

b) 18 + 8 = ___

___ + ___ + ___ = ___

c) 19 + 9 = ___

___ + ___ + ___ = ___

d) 25 + 6 = ___

___ + ___ + ___ = ___

e) 25 + 7 = ___

___ + ___ + ___ = ___

f) 25 + 8 = ___

___ + ___ + ___ = ___

g) 16 + 8 = ___

___ + ___ + ___ = ___

h) 26 + 8 = ___

___ + ___ + ___ = ___

i) 36 + 8 = ___

___ + ___ + ___ = ___

2 Hunderterfeld, Fünfer- und Zehnerstreifen und Plättchen verwenden

1. Rechne.

a)

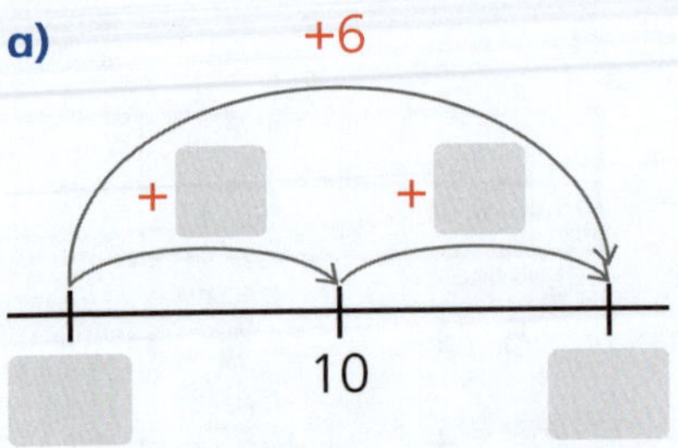

7 + 6 = ☐

☐ + ☐ + ☐ = ☐

b)

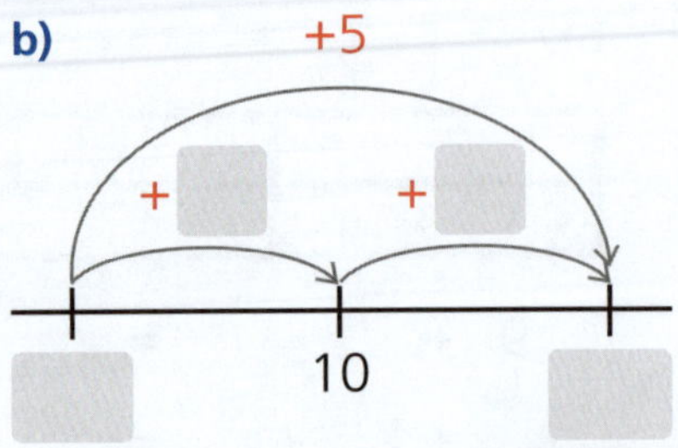

6 + 5 = ☐

☐ + ☐ + ☐ = ☐

c)

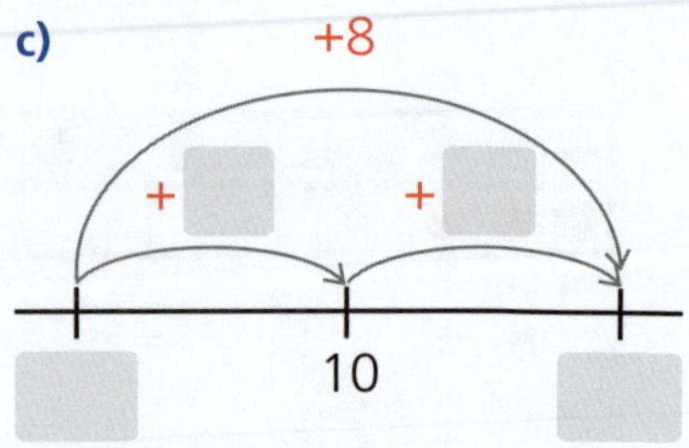

7 + 8 = ☐

☐ + ☐ + ☐ = ☐

d)

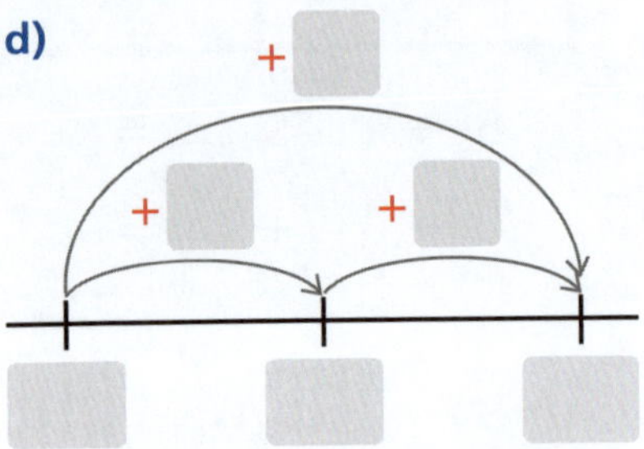

9 + 5 = ☐

☐ + ☐ + ☐ = ☐

e)

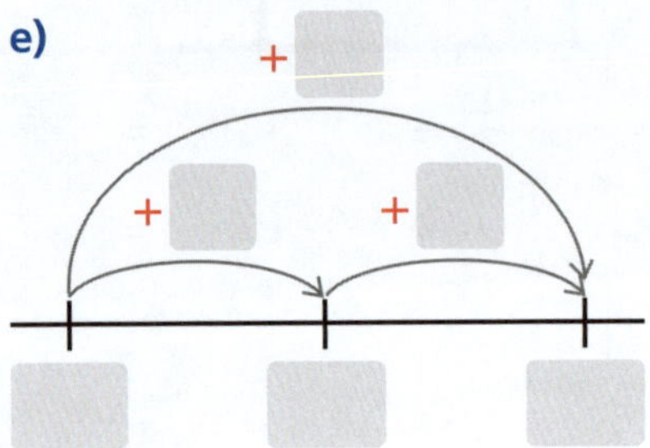

4 + 7 = ☐

☐ + ☐ + ☐ = ☐

f)

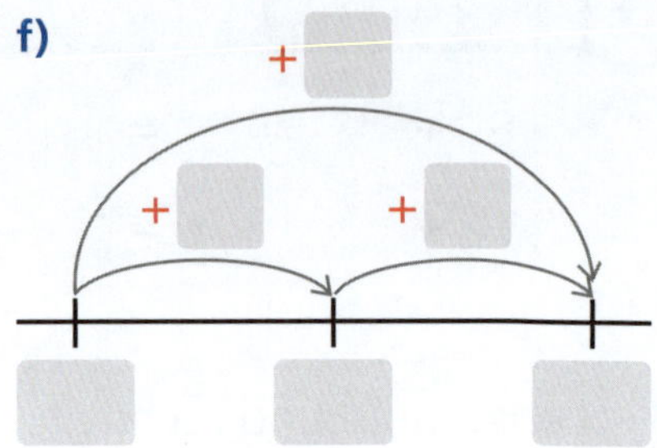

3 + 9 = ☐

☐ + ☐ + ☐ = ☐

2. Rechne.

a)

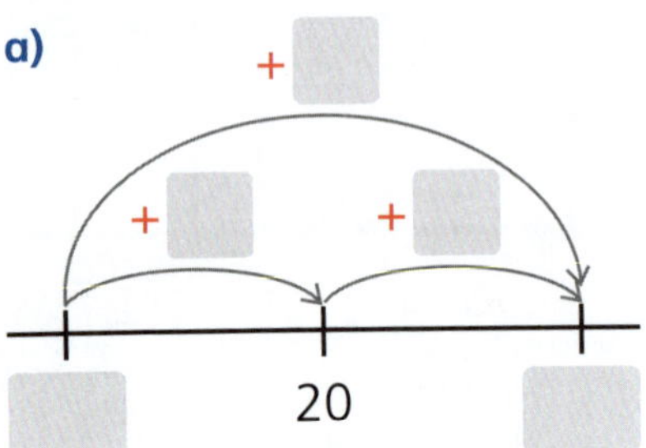

17 + 6 = ☐

☐ + ☐ + ☐ = ☐

b)

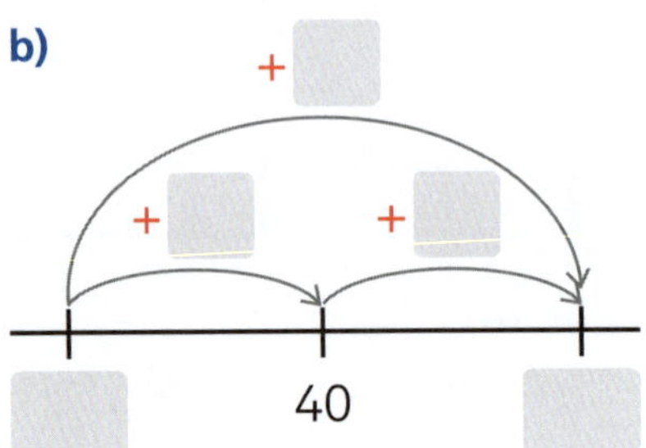

36 + 5 = ☐

☐ + ☐ + ☐ = ☐

c)

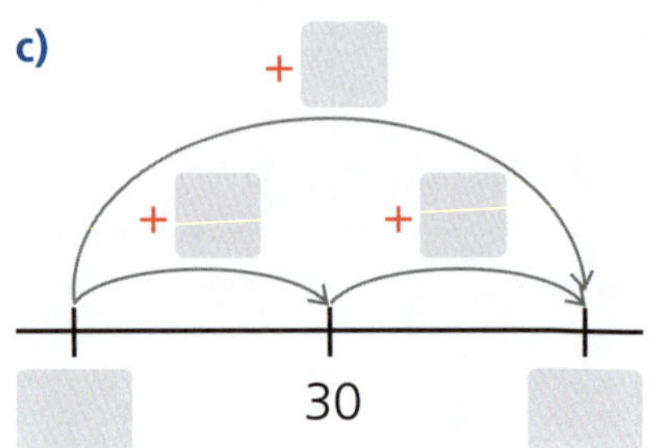

25 + 7 = ☐

☐ + ☐ + ☐ = ☐

3. Rechne.

a) 24 + 7 = ☐

☐ + ☐ + ☐ = ☐

b) 36 + 8 = ☐

☐ + ☐ + ☐ = ☐

c) 43 + 8 = ☐

☐ + ☐ + ☐ = ☐

zu Schülerbuchseite 50

1. Male, streiche durch und rechne.

a)

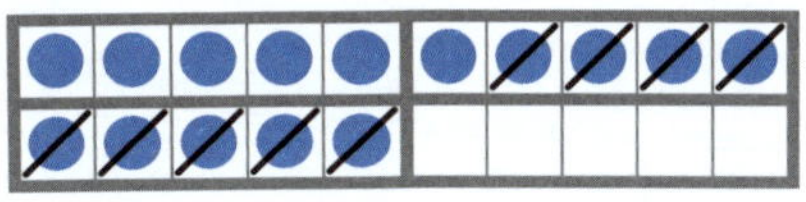

15 − 9 = ___

15 − ___ − ___ = ___

b)

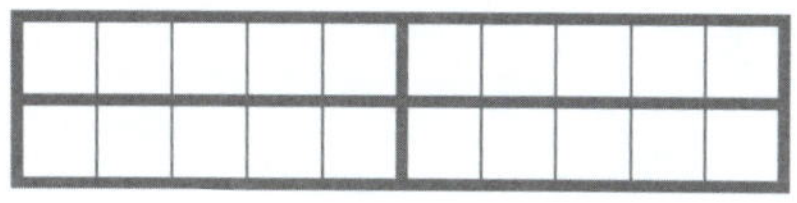

13 − 4 = ___

13 − ___ − ___ = ___

c)

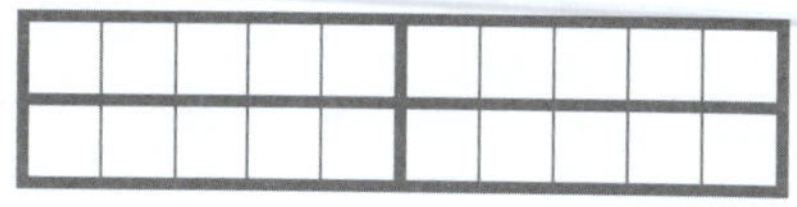

14 − 8 = ___

14 − ___ − ___ = ___

d)

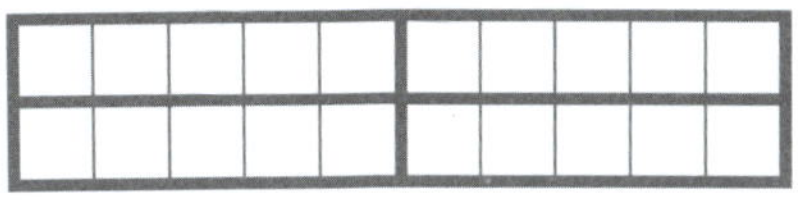

13 − 9 = ___

13 − ___ − ___ = ___

e)

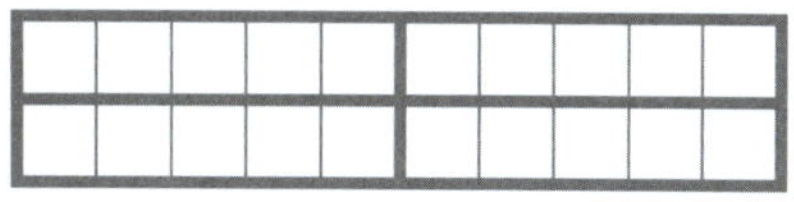

11 − 6 = ___

11 − ___ − ___ = ___

f)

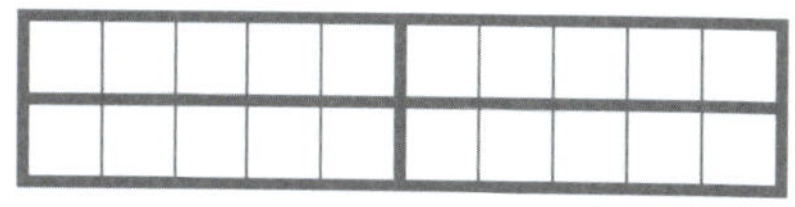

12 − 4 = ___

12 − ___ − ___ = ___

2. Lege, male, streiche durch und rechne.

a)

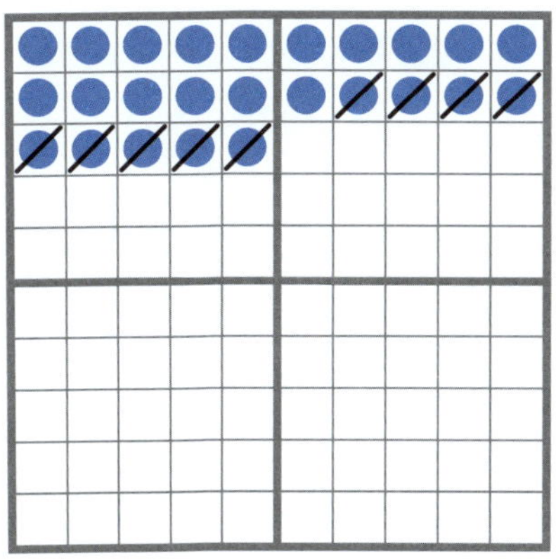

25 − 9 = ___

___ − ___ − ___ = ___

b)

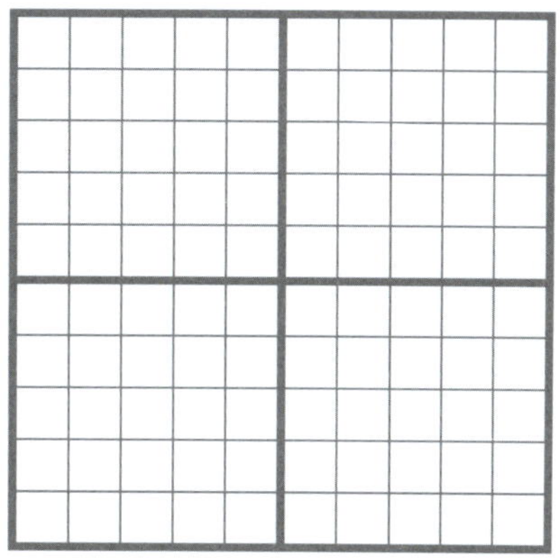

33 − 4 = ___

___ − ___ − ___ = ___

c)

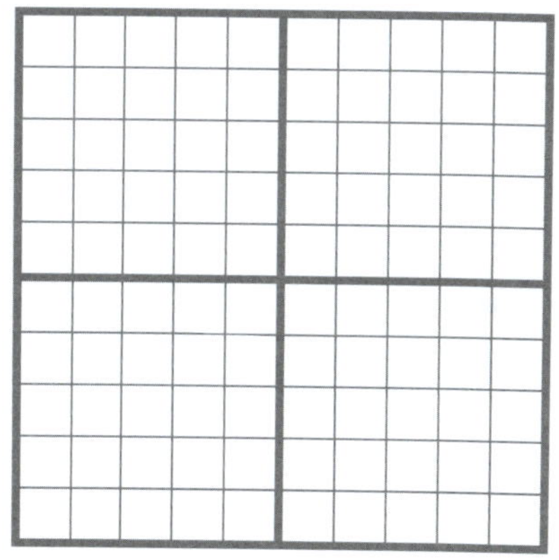

24 − 8 = ___

___ − ___ − ___ = ___

3. Rechne.

a) 25 − 5 = ___

___ − ___ − ___ = ___

b) 25 − 6 = ___

___ − ___ − ___ = ___

c) 25 − 7 = ___

___ − ___ − ___ = ___

d) 14 − 5 = ___

___ − ___ − ___ = ___

e) 24 − 5 = ___

___ − ___ − ___ = ___

f) 34 − 5 = ___

___ − ___ − ___ = ___

g) 23 − 7 = ___

___ − ___ − ___ = ___

h) 33 − 7 = ___

___ − ___ − ___ = ___

i) 43 − 7 = ___

___ − ___ − ___ = ___

2 Hunderterfeld, Fünfer- und Zehnerstreifen und Plättchen verwenden

1. Rechne.

a)

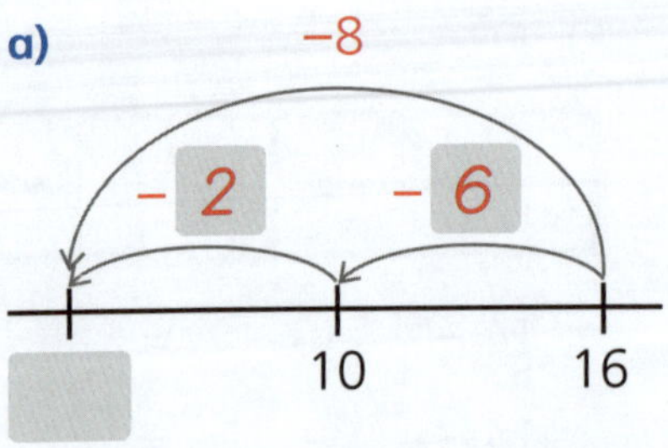

16 − 8 = ___

16 − 6 − 2 = ___

b)

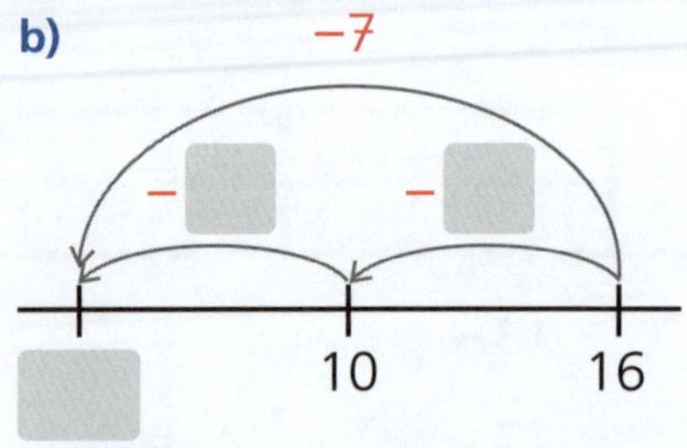

16 − 7 = ___

___ − ___ − ___ = ___

c)

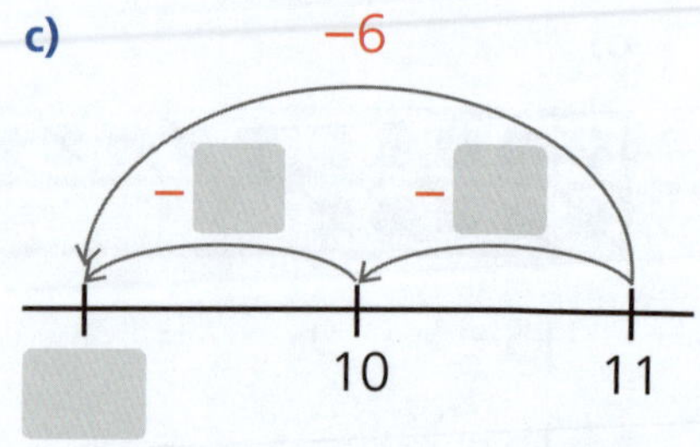

11 − 6 = ___

___ − ___ − ___ = ___

d)

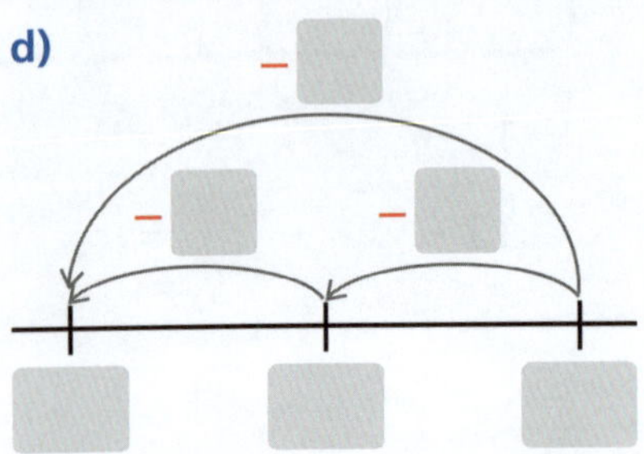

13 − 7 = ___

___ − ___ − ___ = ___

e)

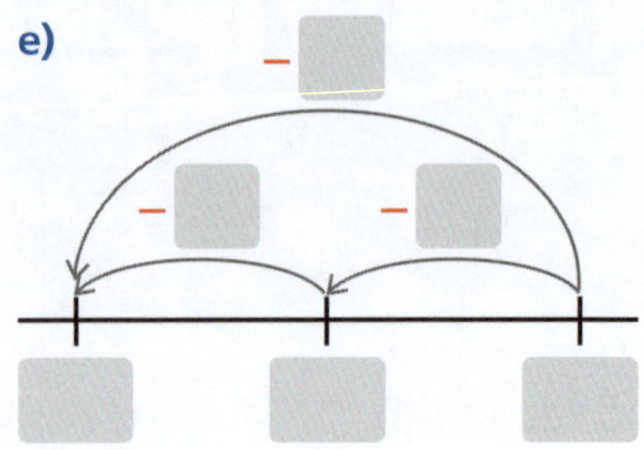

12 − 6 = ___

___ − ___ − ___ = ___

f)

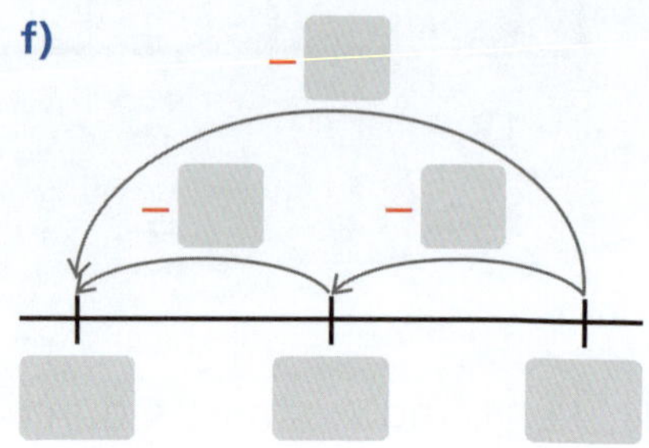

14 − 7 = ___

___ − ___ − ___ = ___

2. Rechne.

a)

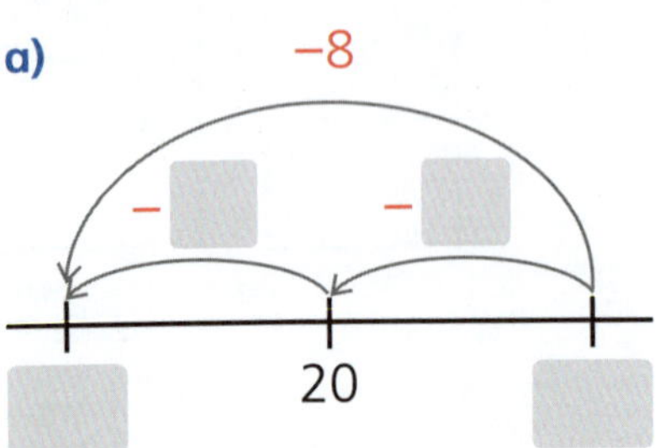

25 − 8 = ___

___ − ___ − ___ = ___

b)

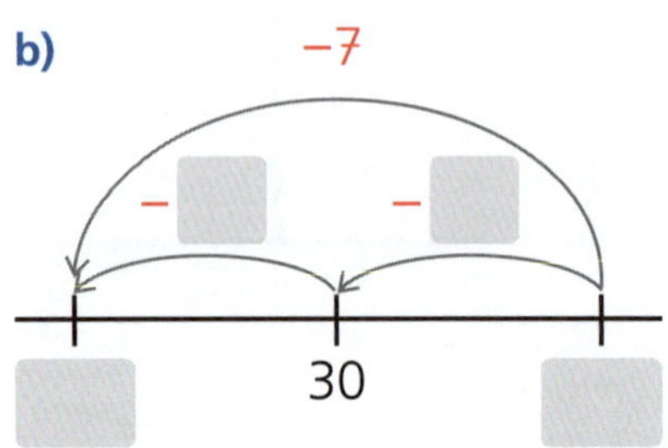

36 − 7 = ___

___ − ___ − ___ = ___

c)

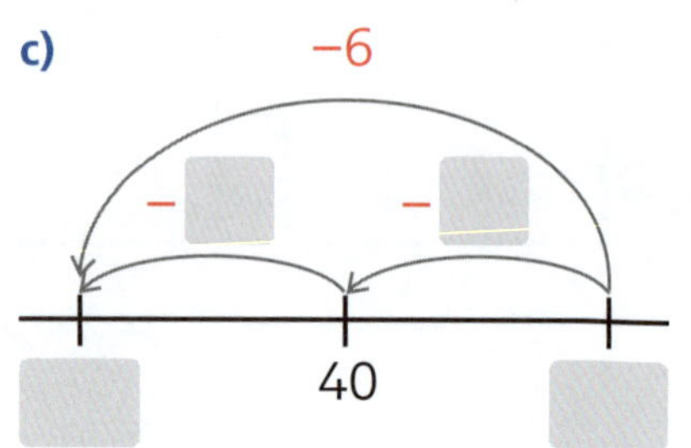

41 − 6 = ___

___ − ___ − ___ = ___

3. Rechne.

a) 38 − 9 = ___

___ − ___ − ___ = ___

b) 44 − 9 = ___

___ − ___ − ___ = ___

c) 52 − 4 = ___

___ − ___ − ___ = ___

1. Rechne.

a) 7 + 5 = ___
17 + 5 = ___
27 + 5 = ___
37 + 5 = ___
47 + 5 = ___
57 + 5 = ___

b) 6 + 8 = ___
16 + 8 = ___
26 + 8 = ___
36 + 8 = ___
46 + 8 = ___
56 + 8 = ___

c) 9 + 3 = ___
19 + 3 = ___
29 + 3 = ___
39 + 3 = ___
49 + 3 = ___
59 + 3 = ___

d) 5 + 8 = ___
5 + 18 = ___
5 + 28 = ___
5 + 38 = ___
5 + 48 = ___
5 + 58 = ___

e) 16 − 7 = ___
26 − 7 = ___
36 − 7 = ___
46 − 7 = ___
56 − 7 = ___
66 − 7 = ___

f) 14 − 8 = ___
24 − 8 = ___
34 − 8 = ___
44 − 8 = ___
54 − 8 = ___
64 − 8 = ___

g) 12 − 5 = ___
22 − 5 = ___
32 − 5 = ___
42 − 5 = ___
52 − 5 = ___
62 − 5 = ___

h) 13 − 9 = ___
23 − 9 = ___
33 − 9 = ___
43 − 9 = ___
53 − 9 = ___
63 − 9 = ___

2. Rechne.

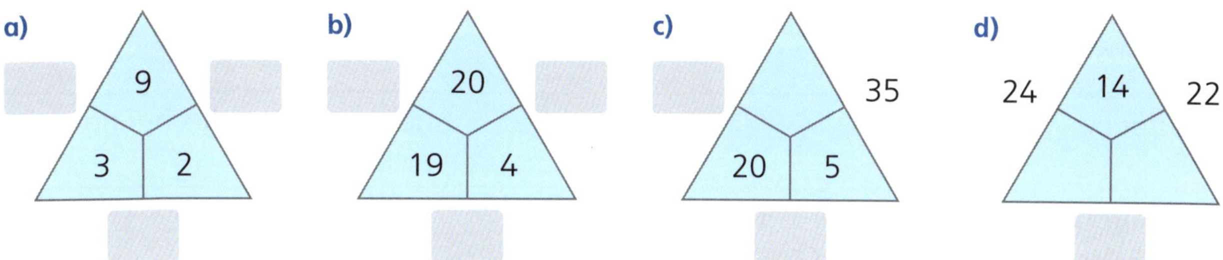

3. Rechne.

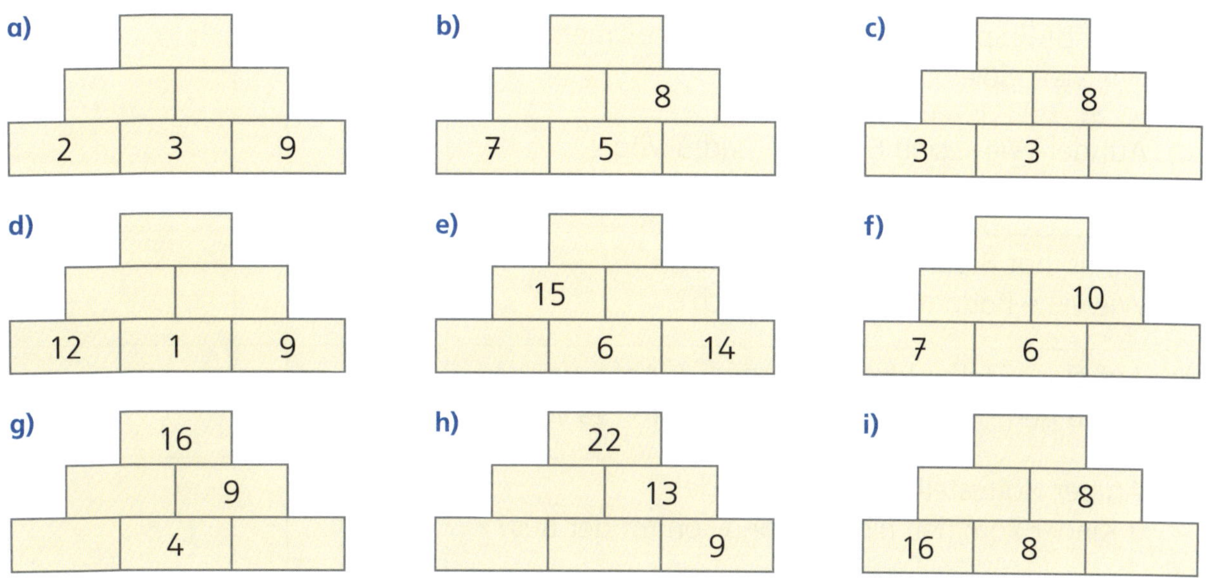

1. Welche Rechnung passt zum Bild? Kreuze an.

a)

- 4 + 3
- 4 − 3
- 4 + 4

b)

- 5 − 4
- 9 + 1
- 9 − 4

c)

- 3 + 2
- 3 − 2
- 5 − 2

d)

- 4 − 2
- 2 + 4
- 6 − 2

e)

- 6 − 5
- 6 + 5
- 11 − 5

f)

- 4 + 3
- 7 + 3
- 7 − 3

2. Wie musst du rechnen? Kreuze an und rechne.

Aufgabe	geht nicht	+	−	Rechnung
a) Auf dem Kuchen brennen 13 Kerzen. Max bläst 6 Kerzen aus. Wie viele Kerzen brennen noch?			X	13 − 6 =
b) Mira hatte 11 Kekse. 4 Kekse hat sie schon gegessen. Wie viele Kekse sind es jetzt?				
c) Tim hat 7 Spielautos. Max hat 8 Autos mehr. Wie viele Spielautos hat Max?				
d) Auf der Wiese sind 6 Katzen und 3 Vögel. Wie viele Hunde sind es?				
e) Emma hat 8 Ballons. 5 fliegen davon. Wie viele Ballons hat Emma noch?				
f) Auf einem Teller liegen 16 Äpfel. 4 Äpfel wurden schon gegessen. Wie viele Äpfel waren es vorher?				
g) An der Haltestelle warten 9 Kinder. 8 Kinder kommen hinzu. Wann kommt der Bus?				

1. Lege, zeichne, trage ein und rechne.

a) 24 + 13

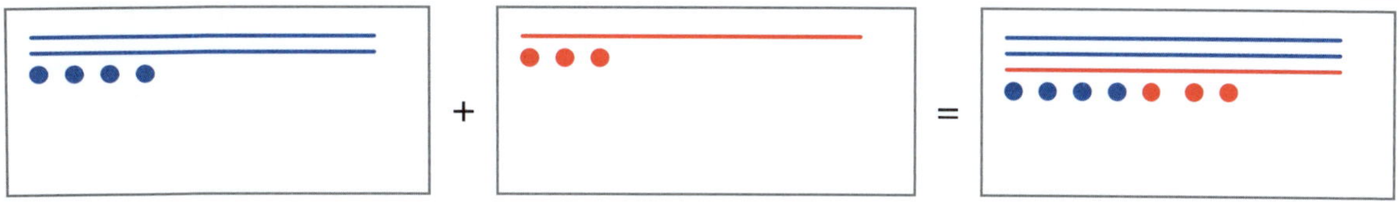

24 + ___ = ___

b) 32 + 21

___ + ___ = ___

c) 15 + 43

___ + ___ = ___

2. Trage ein und rechne.

a)

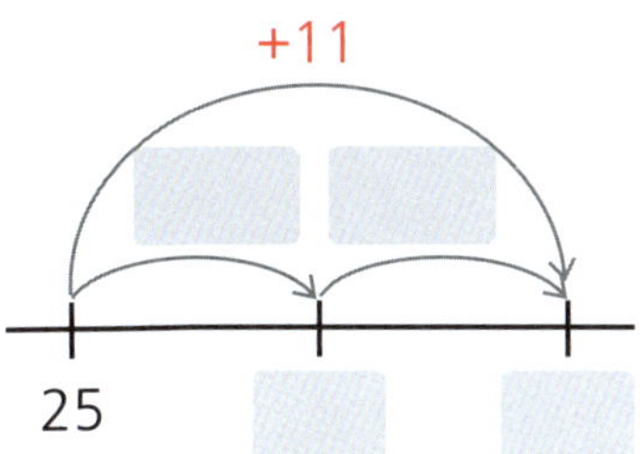

b)

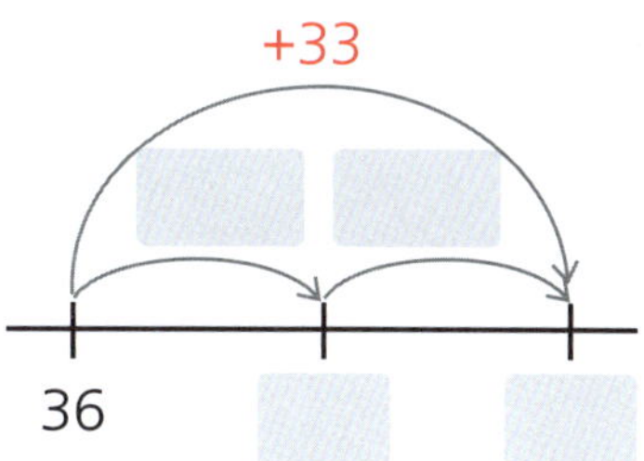

c)

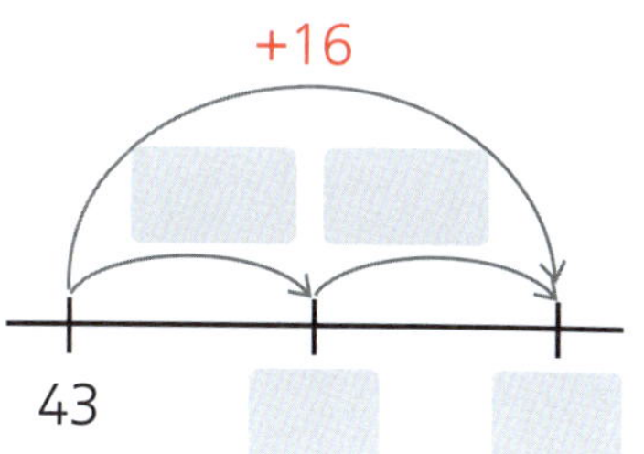

3. Rechne.

a) 37 + 22 =

37 + 20 =

b) 42 + 35 =

c) 55 + 13 =

d) 24 + 43 =

e) 61 + 23 =

f) 76 + 11 =

1 Fünfer- und Zehnerstreifen und Plättchen verwenden
2, 3 Erst die Zehner dazu, dann die Einer

1. Lege, zeichne, trage ein und rechne.

a) 36 + 17

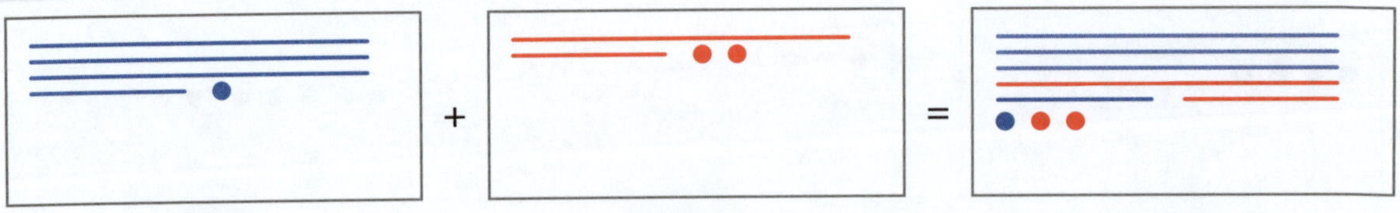

36 + ___ = ___

b) 28 + 23

___ + ___ = ___

c) 18 + 34

___ + ___ = ___

2. Trage ein und rechne.

a) +15

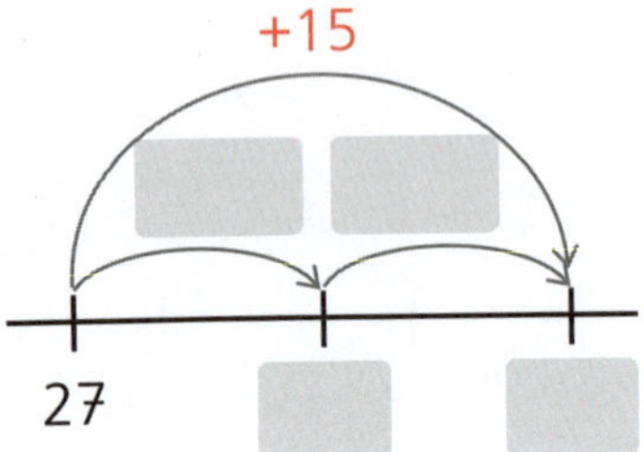

b) +37

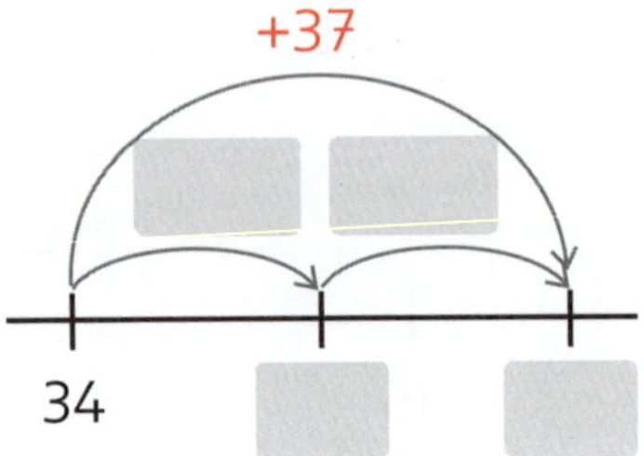

c) +26

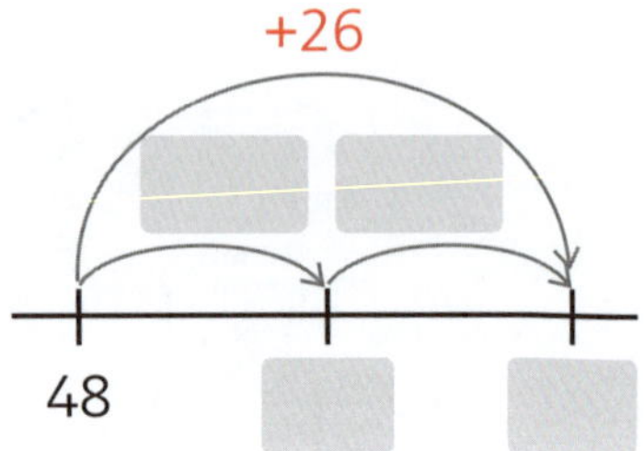

3. Rechne.

a) 36 + 47 =
36 + 40 =

b) 55 + 17 =

c) 32 + 29 =

d) 43 + 38 =

e) 28 + 48 =

f) 36 + 14 =

1 Fünfer- und Zehnerstreifen und Plättchen verwenden
2, 3 Erst die Zehner dazu, dann die Einer

1. Lege, zeichne, trage ein und rechne.

a) 23 – 12

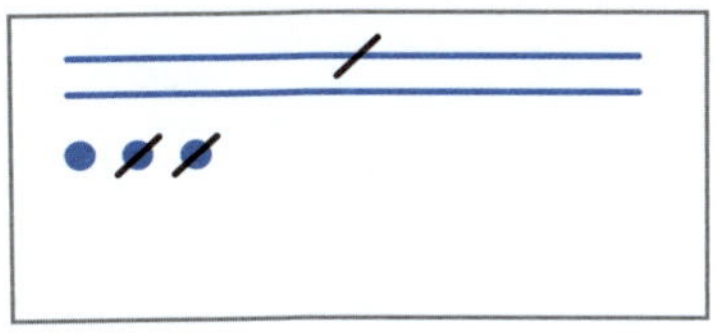

☐ – ☐ = ☐

b) 36 – 23

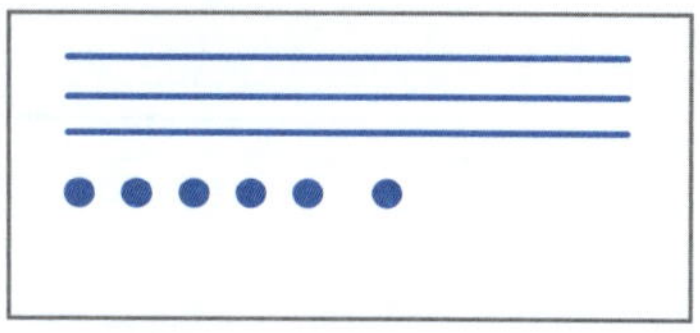

☐ – ☐ = ☐

c) 43 – 31

☐ – ☐ = ☐

d) 28 – 13

☐ – ☐ = ☐

e) 37 – 24

☐ – ☐ = ☐

f) 45 – 32

☐ – ☐ = ☐

2. Trage ein und rechne.

a) –13: ☐ ← – ☐ ← – 44

b) –21: ☐ ← ☐ ← 39

c) –33: ☐ ← ☐ ← 56

d) –22: ☐ ← ☐ ← 43

e) –11: ☐ ← ☐ ← 34

f) –53: ☐ ← ☐ ← 65

3. Rechne.

a) 35 – 14 =

35 –

b) 58 – 22 =

c) 46 – 14 =

d) 73 – 32 =

e) 58 – 22 =

f) 55 – 35 =

1 Fünfer- und Zehnerstreifen und Plättchen verwenden
2, 3 Erst minus Zehner, dann minus Einer

1. Lege, zeichne, trage ein und rechne.

a) 24 – 16

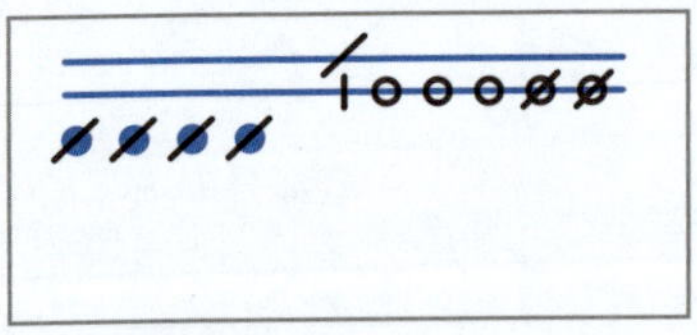

☐ – ☐ = ☐

b) 31 – 14

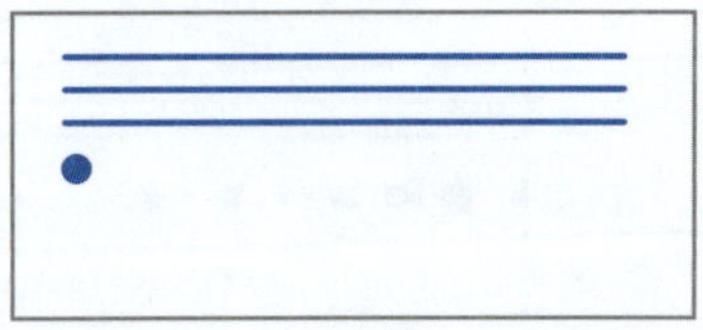

☐ – ☐ = ☐

c) 34 – 25

☐ – ☐ = ☐

d) 23 – 17

☐ – ☐ = ☐

e) 42 – 34

☐ – ☐ = ☐

f) 57 – 28

☐ – ☐ = ☐

2. Trage ein und rechne.

a)

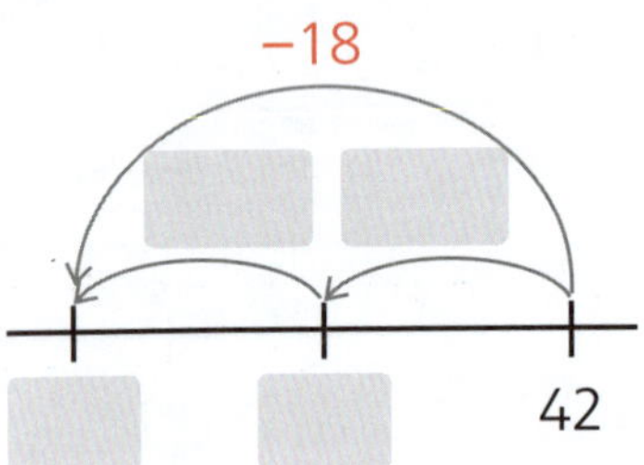

b)

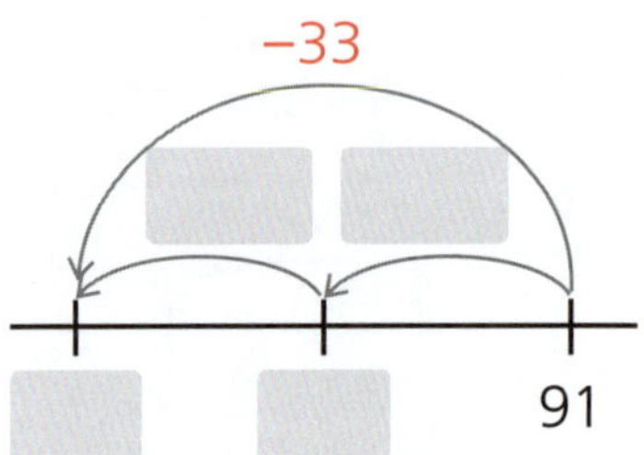

c)

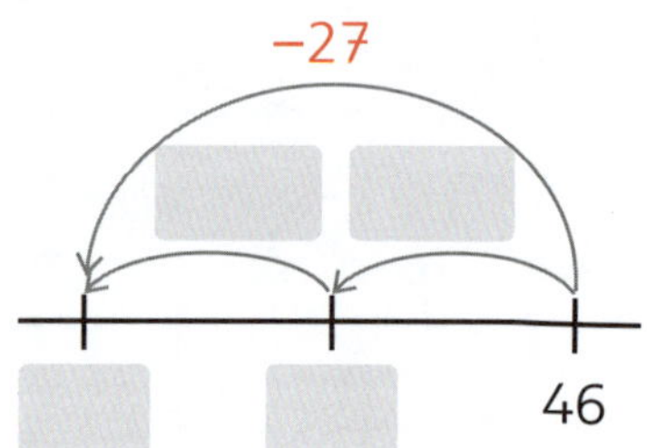

d)

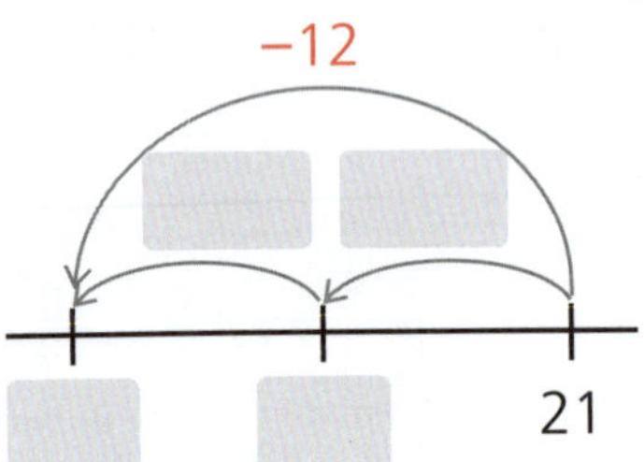

e)

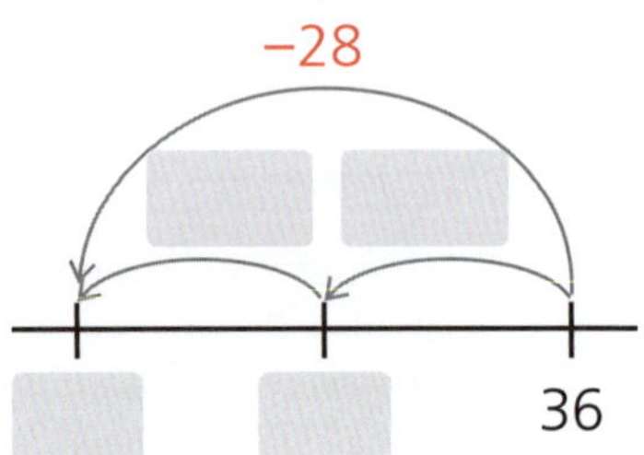

f)

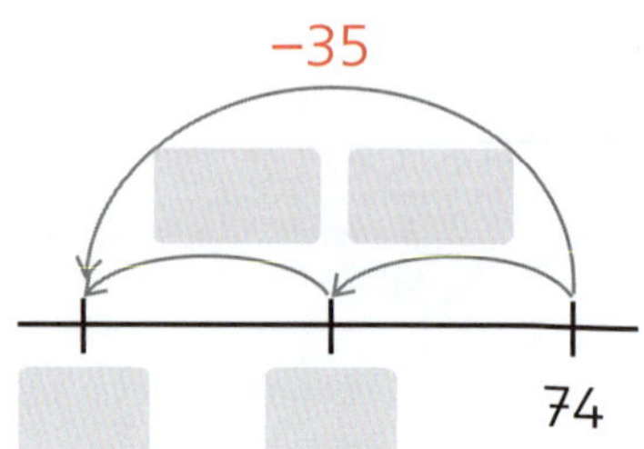

3. Rechne.

a) 45 – 16 =
45 –

b) 38 – 19 =

c) 51 – 37 =

d) 22 – 13 =

e) 48 – 38 =

f) 67 – 29 =

1 Fünfer- und Zehnerstreifen und Plättchen verwenden
2, 3 Erst minus Zehner, dann minus Einer

Wiederholung

zu Schülerbuchseite 5

1. Trage ein.

a) 0, 4, 6, 9

b) 12, 13, 16, 17

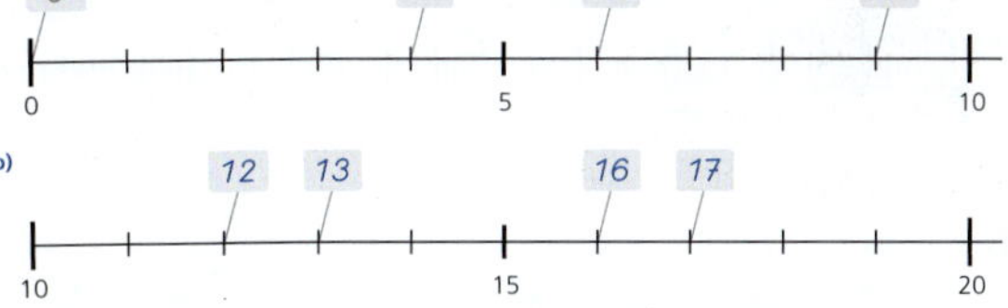

2. Zähle und trage ein. Setze ein: >, < oder =

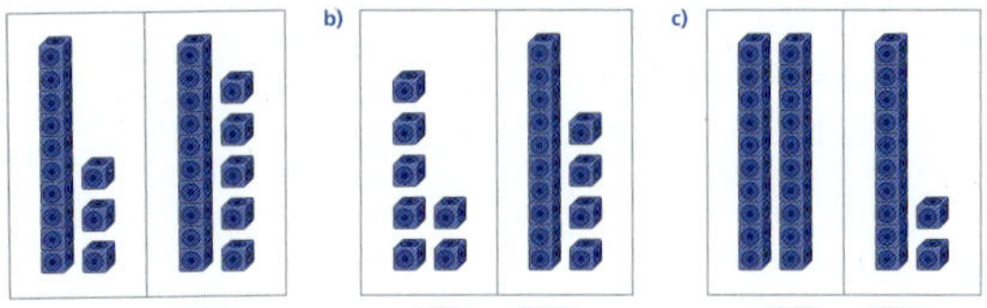

a) 13 < 15 b) 7 < 14 c) 20 > 12

3. Setze ein: >, < oder =

a)	b)	c)	d)
10 > 7	20 > 13	13 > 9	18 = 18
19 = 19	18 > 10	14 < 16	24 < 26
15 > 11	11 < 19	5 > 2	30 > 27

4. Rechne die Aufgabenfamilie.

a) 15 7 8	b) 14 5 9	c) 9 3 12	d) 11 5 6
7 + 8 = 15	5 + 9 = 14	9 + 3 = 12	5 + 6 = 11
8 + 7 = 15	9 + 5 = 14	3 + 9 = 12	6 + 5 = 11
15 − 8 = 7	14 − 9 = 5	12 − 3 = 9	11 − 6 = 5
15 − 7 = 8	14 − 5 = 9	12 − 9 = 3	11 − 5 = 6

2

Bündeln im Zahlenraum bis 100

zu Schülerbuchseite 6

1. Immer 10. Bündele und trage in die Stellenwerttabelle ein.

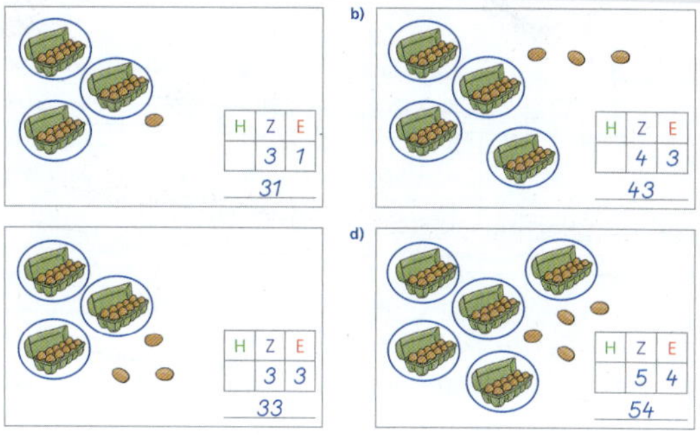

	H	Z	E	Zahl
a)		3	1	31
b)		4	3	43
c)		3	3	33
d)		5	4	54

2. Immer 10. Bündele und trage in die Stellenwerttabelle ein.

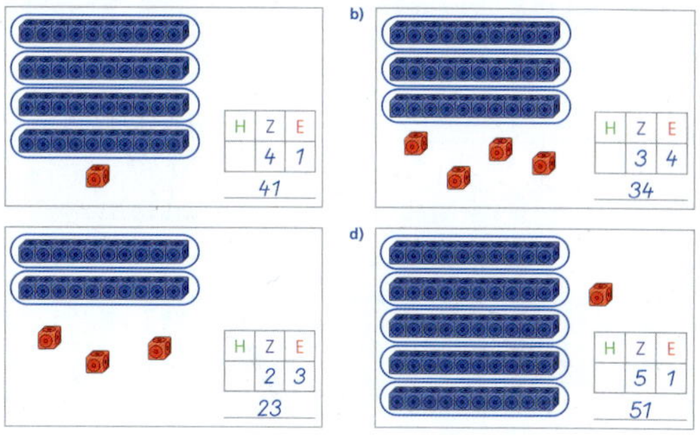

	H	Z	E	Zahl
a)		4	1	41
b)		3	4	34
c)		2	3	23
d)		5	1	51

3

Zahlenraum bis 100 – Zehnerzahlen | Zahlwörter

zu Schülerbuchseiten 7, 8

1. Was gehört zusammen? Verbinde.

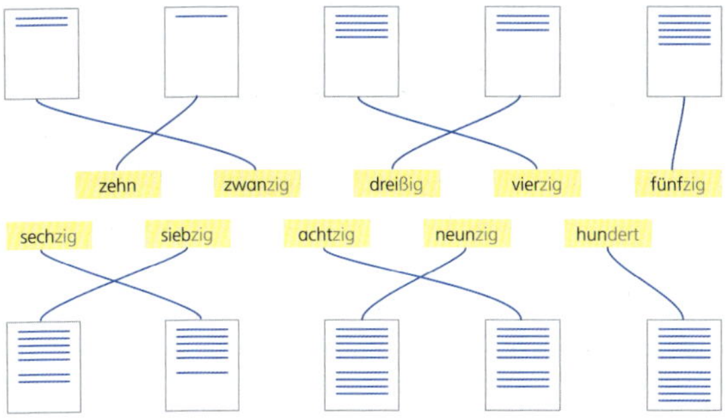

2. Zeichne ein passendes Zahlenbild. Schreibe die Zahl mit Ziffern.

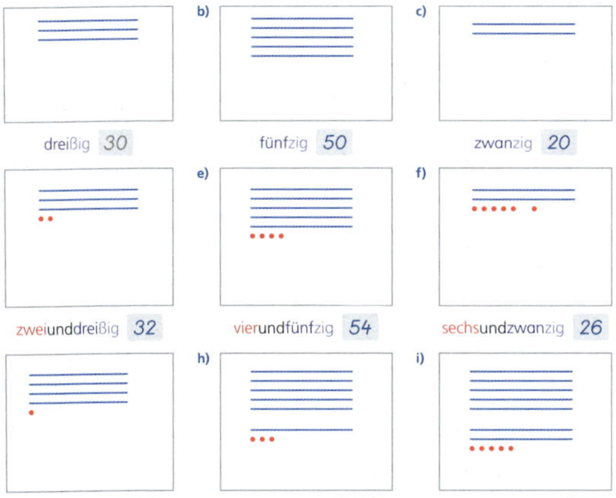

a) dreißig 30 b) fünfzig 50 c) zwanzig 20

d) zweiunddreißig 32 e) vierundfünfzig 54 f) sechsundzwanzig 26

g) einundvierzig 41 h) dreiundsechzig 63 i) fünfundsiebzig 75

4

2 Zahlen mit blauem Zehnerstrich und roten Punkten darstellen

Hunderterfeld

zu Schülerbuchseiten 10, 11

1. Welche Zahl wird dargestellt? Trage ein. Schreibe die Zehner blau und die Einer rot.

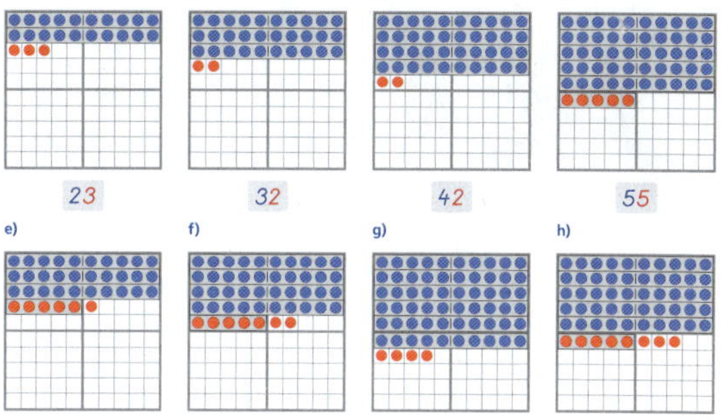

a) 23 b) 32 c) 42 d) 55

e) 36 f) 47 g) 64 h) 58

2. Lege und rechne. Schreibe die Zehner blau und die Einer rot.

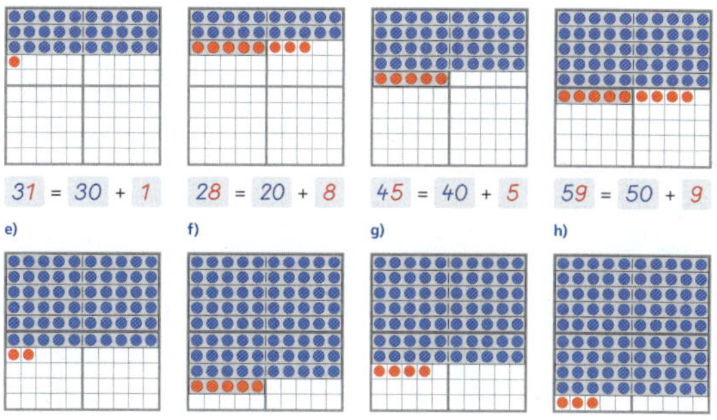

a) 31 = 30 + 1 b) 28 = 20 + 8 c) 45 = 40 + 5 d) 59 = 50 + 9

e) 62 = 60 + 2 f) 85 = 80 + 5 g) 74 = 70 + 4 h) 93 = 90 + 3

2 Hunderterfeld, Fünfer- und Zehnerstreifen und Plättchen verwenden

5

Zahlzerlegungen

zu Schülerbuchseiten 12, 13

1. Finde die Zerlegungen.

a)

4	40
3 + 1	30 + 10
2 + 2	20 + 20
1 + 3	10 + 30
0 + 4	0 + 40

b)

5	50
4 + 1	40 + 10
5 + 0	50 + 0
1 + 4	10 + 40
3 + 2	30 + 20

c)

6	60
4 + 2	40 + 20
3 + 3	30 + 30
1 + 5	10 + 50
5 + 1	50 + 10

d)

7	70
6 + 1	60 + 10
5 + 2	50 + 20
3 + 4	30 + 40
1 + 6	10 + 60

2. Finde die Zerlegung. Trage ein.

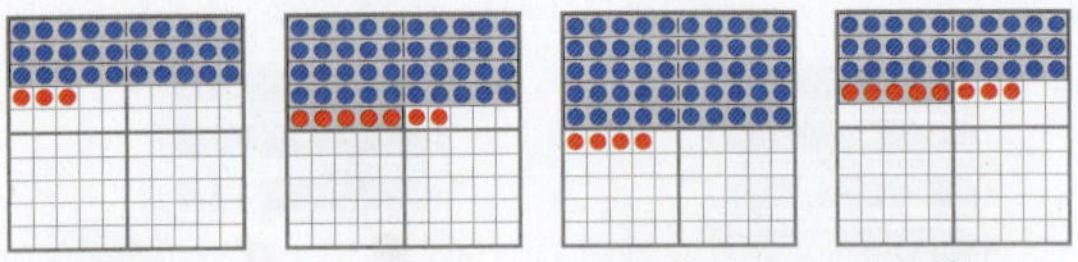

a) 23: 20 + 3
b) 47: 40 + 7
c) 54: 50 + 4
d) 38: 30 + 8

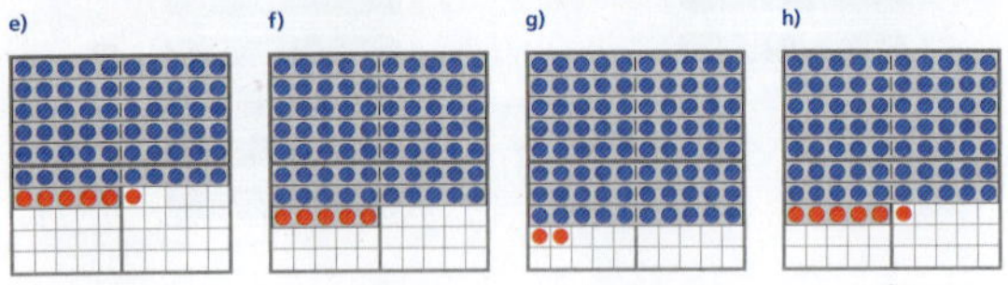

e) 66: 60 + 6
f) 75: 70 + 5
g) 82: 80 + 2
h) 76: 70 + 6

Zahlenstrahl

zu Schülerbuchseiten 14, 15

1. Trage ein.

10 20 30 40 60 70 80 90

0 50 100

2. Verbinde.

5 15 22 35 61 75 83 99

0 50 100

3. Ordne die Zahlen der Größe nach. Beginne mit der kleinsten Zahl. Verwende <.

a) 5 20 15 10 — 5 < 10 < 15 < 20

b) 11 21 41 31 — 11 < 21 < 31 < 41

c) 69 71 61 79 — 61 < 69 < 71 < 79

4. Setze fort. Zeichne die Pfeile und male an.

a) 0 1 **2** 3 4 **5** 6 7 **8** 9 10 **11** 12 13 **14** 15 16 **17** 18 19 **20**

b) 0 **1** 2 **3** 4 **5** 6 **7** 8 **9** 10 **11** 12 **13** 14 **15** 16 **17** 18 **19** 20

1–3 Ggf. Zahlenstrahl verwenden

Zahlenstrahl

zu Schülerbuchseiten 14, 15

1. Trage Vorgänger und Nachfolger ein.

a) 9 10 11 / 19 20 21
b) 8 9 10 / 18 19 20
c) 5 6 7 / 15 16 17
d) 14 15 16 / 24 25 26
e) 12 13 14 / 22 23 24
f) 18 19 20 / 28 29 30
g) 30 31 32 / 40 41 42
h) 38 39 40 / 48 49 50
i) 44 45 46 / 54 55 56
j) 61 62 63 / 71 72 73
k) 78 79 80 / 88 89 90
l) 98 99 100 / 8 9 10

2. Trage die Nachbarzehner in die Tabelle ein.

0 10 20 30 40 50 60 70 80 90 100

Nachbarzehner	Zahl	Nachbarzehner
10	15	20
10	19	20
20	27	30
30	31	40
30	38	40
40	44	50
50	53	60
50	56	60
60	69	70
70	72	80
70	75	80
80	86	90
90	92	100
90	97	100

1, 2 Ggf. Zahlenstrahl verwenden

Sachrechnen – Fragen

zu Schülerbuchseite 16

1. Verbinde.

Auf einem Ast saßen 9 Vögel. 3 Vögel fliegen davon.

Max kauft sich ein Buch für 5 € und einen Stift für 4 €.

Auf dem Boden sitzen 7 Vögel. 4 Vögel fliegen dazu.

Mira kauft einen Teddy für 8 € und ein Auto für 5 €.

F: Wie viele Vögel sind es noch?

F: Wie viel muss Mira bezahlen?

F: Wie viel muss Max bezahlen?

F: Wie viele Vögel sind es jetzt?

Sachrechnen – Fragen finden
zu Schülerbuchseite 16

1. Welche Fragen kannst du beantworten, ohne zu rechnen?
Schreibe die Antworten in das Kästchen.
Bei welcher Frage musst du rechnen? Kreuze an und trage ein.

a) 

5 Kinder sitzen im Gras.
4 Kinder kommen dazu.

- ○ Wie viele Kinder sitzen im Gras? 5
- ☒ Wie viele Kinder sind es zusammen? 9
- ○ Wie viele Kinder kommen dazu? 4

b) 

8 Vögel wollen trinken.
3 Vögel fliegen weg.

- ○ Wie viele Vögel wollen trinken? 8
- ☒ Wie viele Vögel sind es insgesamt? 11
- ○ Wie viele Vögel fliegen weg? 3

c) 

An der Haltestelle warten 5 Kinder.
7 Kinder kommen dazu.

- ○ Wie viele Kinder warten an der Haltestelle? 5
- ○ Wie viele Kinder kommen noch dazu? 7
- ☒ Wie viele Kinder sind es insgesamt? 12

d) 

Mira backt 16 Muffins.
Am Abend sind nur noch 8 Muffins übrig.

- ○ Wie viele Muffins hat Mira gebacken? 16
- ○ Wie viele Muffins sind noch übrig? 8
- ☒ Wie viele Muffins wurden gegessen? 8

Längen vergleichen
zu Schülerbuchseite 18

1. Vergleiche die Türme. Setze ein: >, < oder =

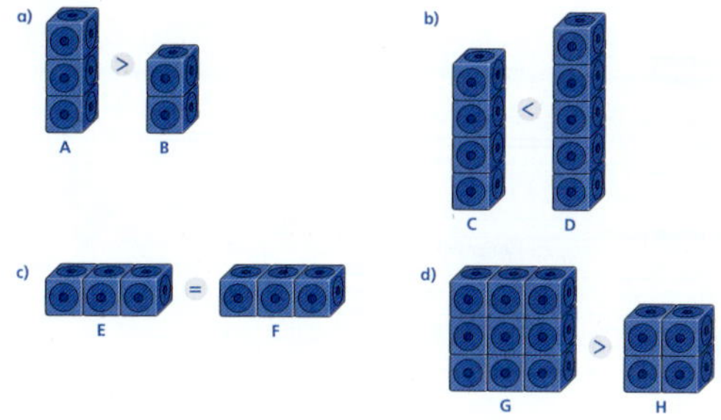

2. Vergleiche die Türme aus Aufgabe 1. Vervollständige die Sätze.

~~größer~~ ~~gleich lang~~ ~~kleiner~~ ~~breiter~~

a) Turm A ist *größer* als Turm B.
b) Turm C ist *kleiner* als Turm D.
c) Turm E und F sind *gleich lang*.
* d) Der Turm G ist *breiter* als Turm H.

3. Ordne die Stifte der Länge nach. Beginne mit dem kürzesten Stift. Verwende <.

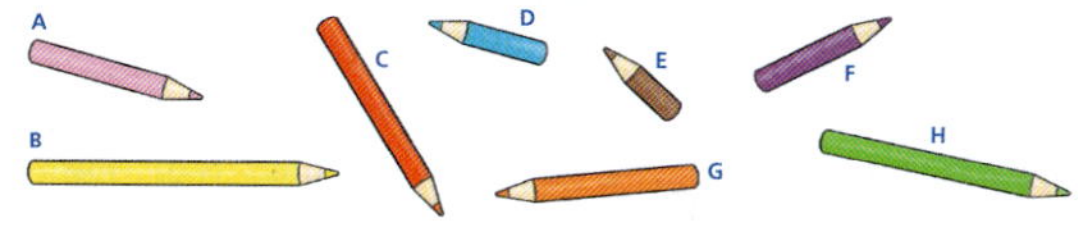

E < D < F < A < G < C < H < B

2 Zum Teil sind mehrere Lösungen möglich

* Beispiellösung

Längen schätzen und messen
zu Schülerbuchseite 20

1. Beschrifte das Lineal genau.

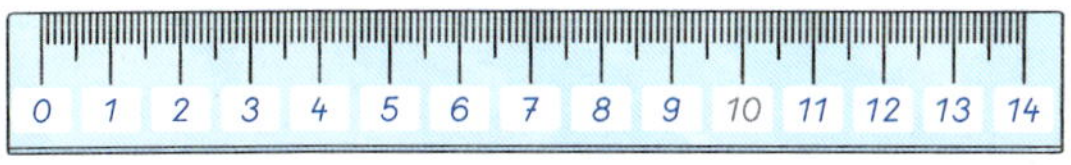

2. Welche Linie ist am längsten? Schätze. Kreuze an.

3. Wie heißen die Messgeräte? Verbinde.

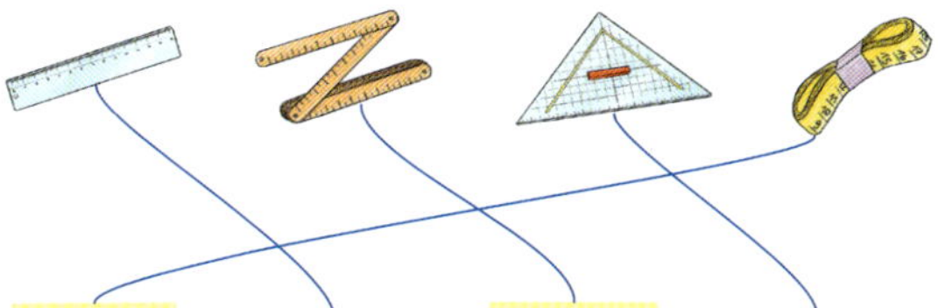

Maßband Lineal Zollstock Geodreieck

4. Welches Seil ist länger? Überprüfe mit einem Wollfaden. Kreuze an.

- ☒ Seil B ist länger.
- ○ Die Seile sind gleich lang.

4 Wollfaden verwenden

Meter
zu Schülerbuchseite 21

1. Ordne die Gegenstände richtig zu. Trage ein.

kürzer als 1 m	ungefähr 1 m	länger als 1 m
Maus	*Tür*	*Haus*
Bleistift	*Tafellineal*	*Auto*
1 Schritt	*Hund*	*Bus*

~~Auto~~ ~~Tür~~ ~~Haus~~ ~~Tafellineal~~ ~~Bus~~ ~~1 Schritt~~ ~~Hund~~ ~~Maus~~ ~~Bleistift~~

2. Wie groß ist der Gegenstand? Kreuze an.

a) 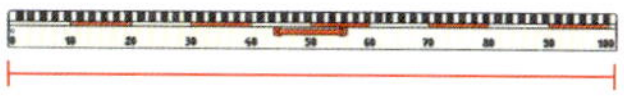
☒ 1 m ○ 20 m

b) 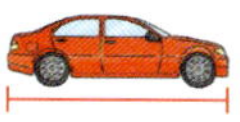
○ 100 m ☒ 4 m

c) 
○ 60 m ☒ 6 m

d) 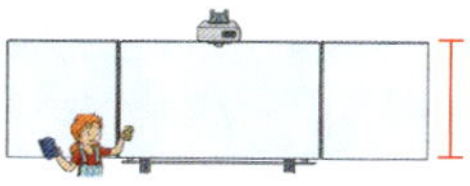
☒ 1 m ○ 40 m

e) 
○ 26 m ☒ 5 m

f) 
○ 1 m ☒ 5 m

3. Rechne.

a) 50 cm + 50 cm = *100 cm*
90 cm + 10 cm = *100 cm*

b) 30 cm + 70 cm = *100 cm*
70 cm + 30 cm = *100 cm*

c) 95 cm + 5 cm = *100 cm*
85 cm + 15 cm = *100 cm*

d) 65 cm + 35 cm = *100 cm*
25 cm + 75 cm = *100 cm*

2 Aussagen auf Plausibilität prüfen

Zentimeter
zu Schülerbuchseite 22

*1. Miss mit dem Lineal und trage ein.

		gemessen
a)	Breite des Mathehefts	21 cm
b)	Länge des Bleistifts	9 cm
c)	Höhe der Schere	11 cm

2. Miss die Länge der Linie. Trage ein.

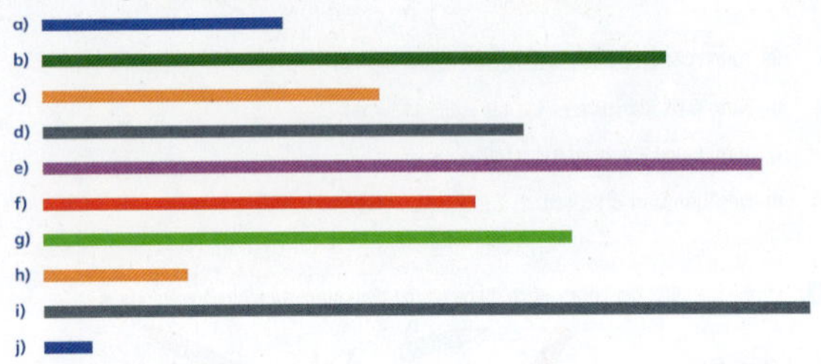

a) 5 cm b) 13 cm c) 7 cm d) 10 cm e) 15 cm
f) 9 cm g) 11 cm h) 3 cm i) 16 cm j) 1 cm

3. Kann das stimmen? Kreuze an.

a) Ein Schulbuch ist 21 cm breit.
- [x] Ja, das stimmt.
- [ ] Nein, das stimmt nicht.

b) Eine Maus ist 50 cm lang.
- [ ] Ja, das stimmt.
- [x] Nein, das stimmt nicht.

1 Mehrere Lösungen sind möglich
* Beispiellösung

Strecken messen und zeichnen
zu Schülerbuchseite 23

1. Ordne die Strecken der Länge nach. Beginne mit der kürzesten Strecke.

2. Miss die Länge der Strecke mit deinem Lineal. Trage ein.

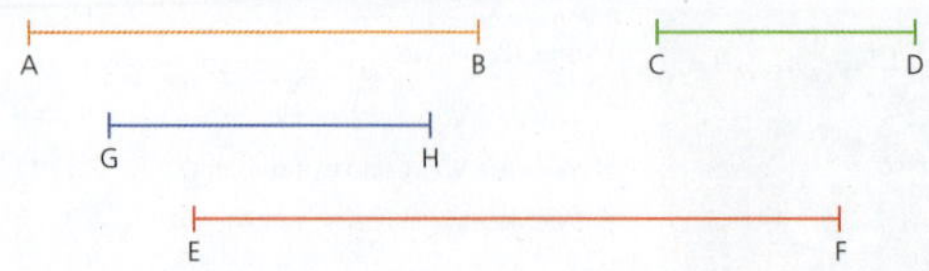

$\overline{AB}$ = 7 cm $\overline{CD}$ = 4 cm $\overline{EF}$ = 5 cm $\overline{GH}$ = 10 cm

3. Zeichne die Strecken und beschrifte sie.

a) $\overline{AB}$ = 5 cm
b) $\overline{CD}$ = 8 cm
c) $\overline{EF}$ = 3 cm
d) $\overline{GH}$ = 2 cm
e) $\overline{KL}$ = 4 cm

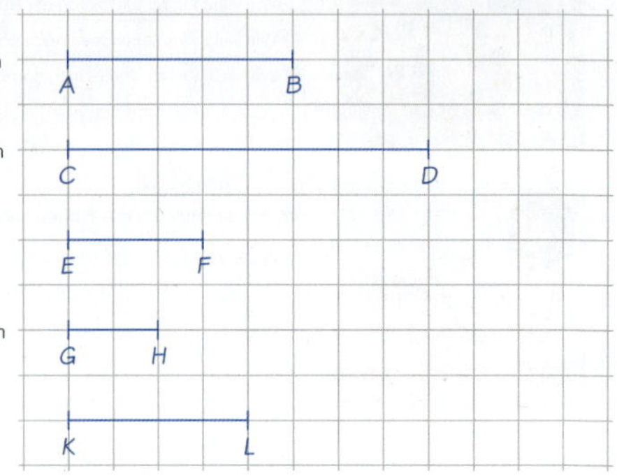

Meter und Zentimeter
zu Schülerbuchseite 24

1. Meter oder Zentimeter? Trage ein.

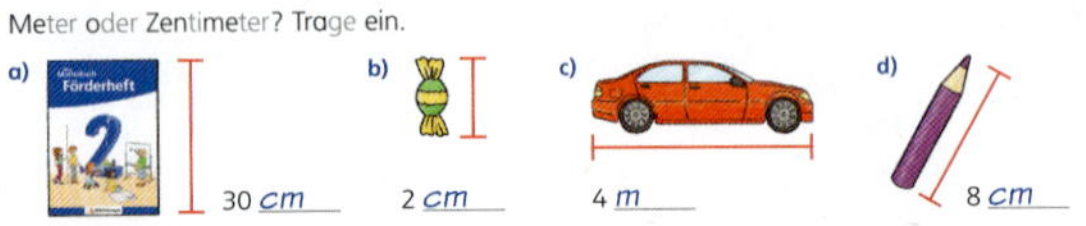

a) 30 cm b) 2 cm c) 4 m d) 8 cm

e) Ein Baum ist 10 m hoch. f) Ein Schritt ist 50 cm lang.
g) Ein Bus ist 18 m lang. h) Eine Birne ist 10 cm hoch.

*2. Miss deine Körpermaße in Meter und Zentimeter.

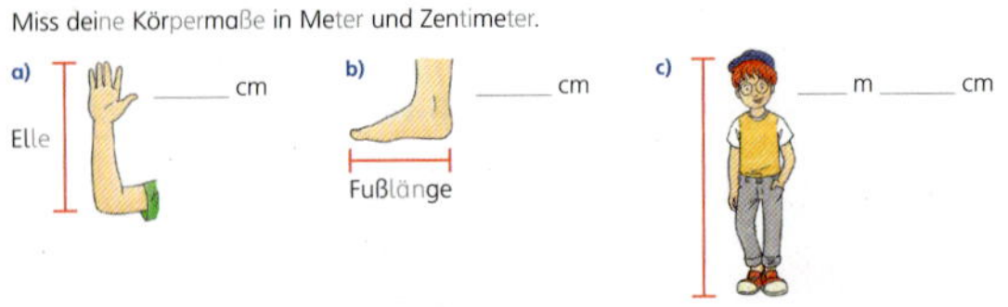

a) ___ cm b) ___ cm c) ___ m ___ cm

3. Setze ein: >, < oder =

a) 1 m < 4 m; 11 m = 11 m; 6 m > 2 m
b) 79 cm = 79 cm; 30 cm < 100 cm; 29 cm > 3 cm
c) 100 cm = 1 m; 80 cm < 8 m; 10 cm < 2 m

4. Ordne der Größe nach. Beginne mit der längsten Strecke. Verwende >.

a) 3 m, 30 m, 13 m, 5 m, 15 m
30 m > 15 m > 13 m > 5 m > 3 m

b) 4 cm, 6 cm, 79 cm, 80 cm, 18 cm
80 cm > 79 cm > 18 cm > 6 cm > 4 cm

c) 5 m, 90 cm, 6 cm, 9 m, 4 m
9 m > 5 m > 4 m > 90 cm > 6 cm

2 Mehrere Lösungen sind möglich
* Individuelle Lösung

Geometrische Formen
zu Schülerbuchseite 25

*1. Zeichne ein Bild mit folgenden Formen.

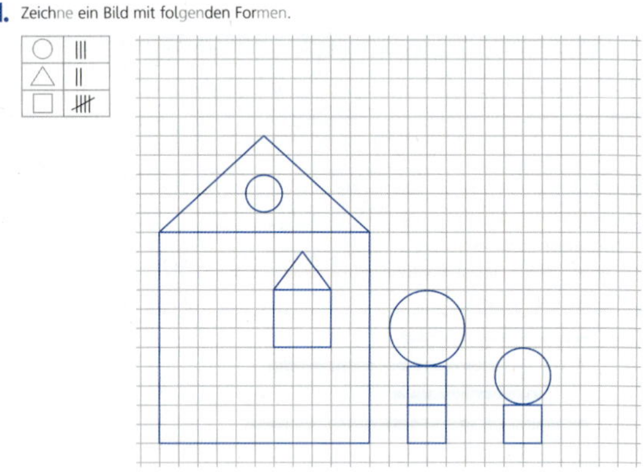

2. Markiere die Ecken rot und die Seiten blau. Zähle.

	Rechteck	Dreieck	Kreis	Quadrat
Ecken	4	3	0	4
Seiten	4	3	0	4

3. Zeichne die Figur genau ab.

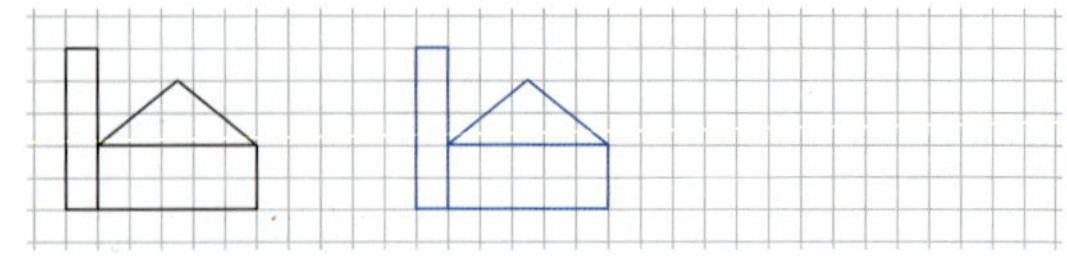

1 Mehrere Lösungen sind möglich

* Beispiellösung

Symmetrische Figuren – Achsensymmetrie

zu Schülerbuchseite 28

1. Finde das Spiegelbild. Kreuze an.

2. Ergänze das Spiegelbild. Kontrolliere mit dem Spiegel.

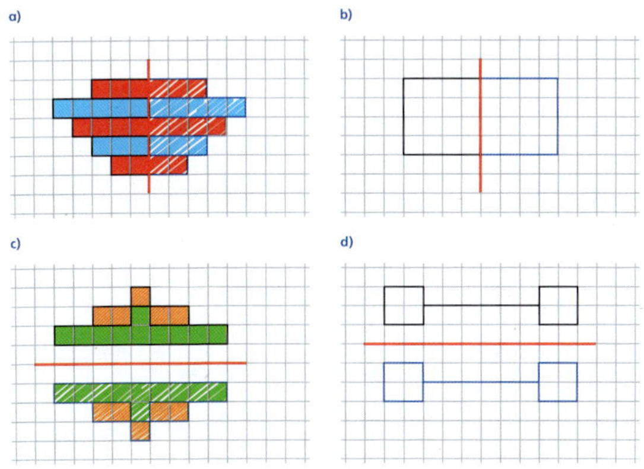

1 Ggf. Kontrolle mit dem Spiegel
2 Spiegel verwenden

Übungen auf dem Geobrett

zu Schülerbuchseite 29

1. Spanne nach. Wie heißt die Form? Verbinde.

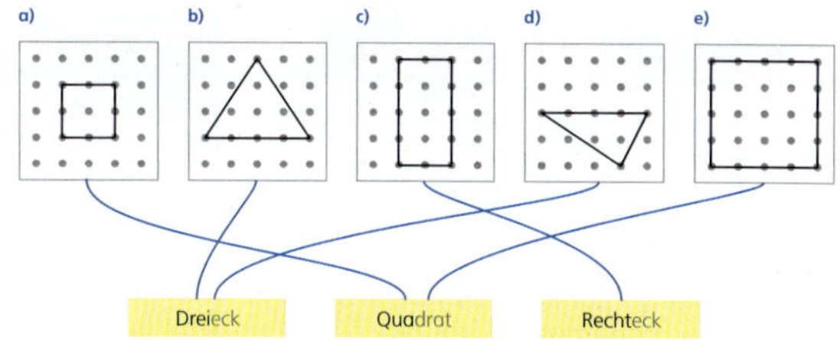

*** 2.** Spanne die Rechtecke und Quadrate auf dem Geobrett nach. Finde weitere Figuren.

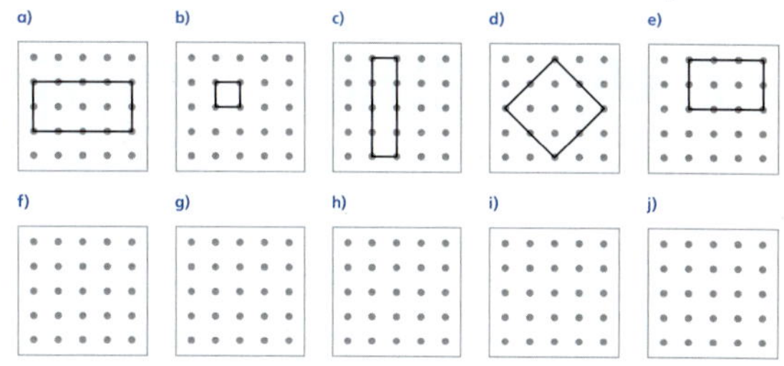

3. Finde die Spiegelachsen. Zeichne sie rot ein.

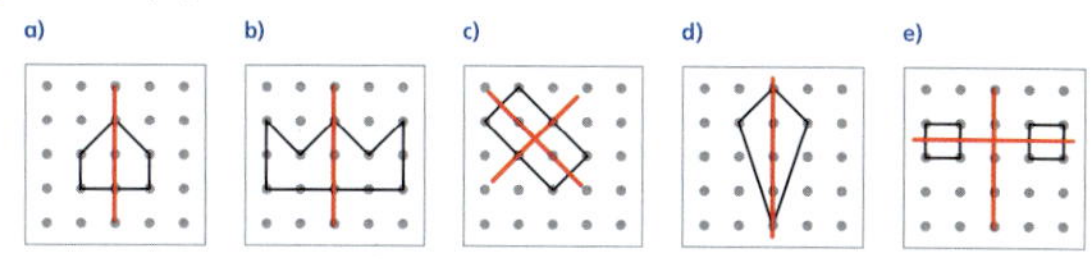

1, 2 Geobrett verwenden
2 Mehrere Lösungen sind möglich

* Individuelle Lösung

Hundertertafel

zu Schülerbuchseiten 30, 31

1. Spure alle weißen Zahlen mit Farbe nach: Zehner blau, Einer rot.

1	2	3	4	5	6	7	8	9	10
11	12	13	14	15	16	17	18	19	20
21	22	23	24	25	26	27	28	29	30
31	32	33	34	35	36	37	38	39	40
41	42	43	44	45	46	47	48	49	50
51	52	53	54	55	56	57	58	59	60
61	62	63	64	65	66	67	68	69	70
71	72	73	74	75	76	77	78	79	80
81	82	83	84	85	86	87	88	89	90
91	92	93	94	95	96	97	98	99	100

2. Trage die fehlenden Zahlen oben in der Hundertertafel ein: Zehner blau, Einer rot.

3. Trage die fehlenden Zahlen ein: Zehner blau, Einer rot.

a) 71 | 72 | 73 | 74 | 75

b) 7 | 17 | 27 | 37 | 47

c) 51 | 61 | 71 | 81 | 91

d) 25 | 35 | 45 | 55 | 65

e) 56 | 57 | 58 | 59 | 60

1–3 Ggf. Hundertertafel verwenden
2 Fehlende Zahlen in Aufgabe 1 eintragen

Addition, Subtraktion von Einerzahlen

zu Schülerbuchseiten 32, 33

1. Welche Aufgaben gehören zusammen? Verbinde. Schreibe und rechne.

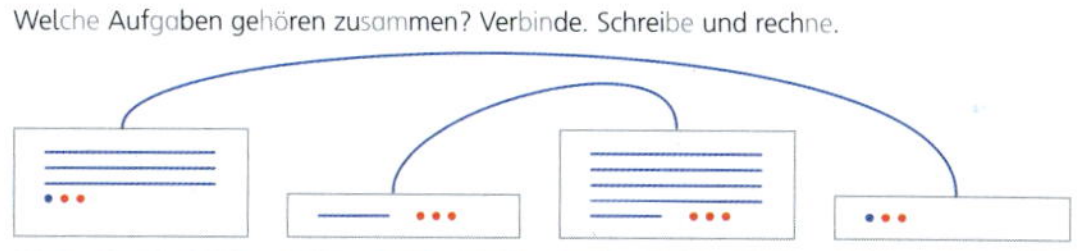

31 + 2 = 33 5 + 3 = 8 45 + 3 = 48 1 + 2 = 3

2. Zeichne die Aufgaben. Rechne die kleine Aufgabe zuerst.

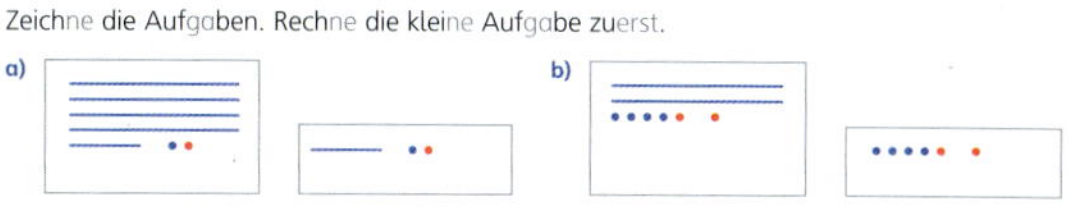

a) 46 + 1 = 47 6 + 1 = 7
b) 24 + 2 = 26 4 + 2 = 6

3. Trage ein. Rechne die kleine Aufgabe zuerst.

a) 31 + 5 = 36
1 + 5 = 6

b) 57 + 2 = 59
7 + 2 = 9

c) 63 + 4 = 67
3 + 4 = 7

4. Welche Aufgaben gehören zusammen? Verbinde. Schreibe und rechne.

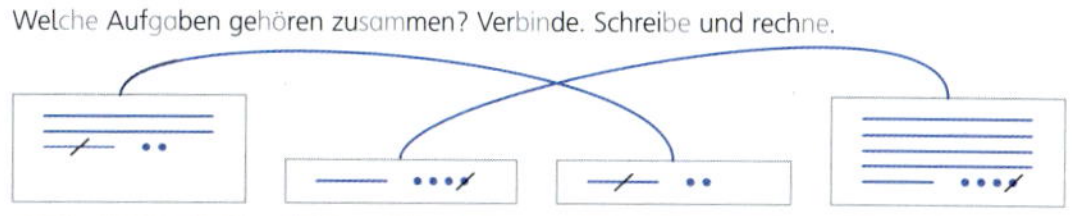

27 − 5 = 22 9 − 1 = 8 7 − 5 = 2 49 − 1 = 48

5. Zeichne die Aufgaben. Rechne die kleine Aufgabe zuerst.

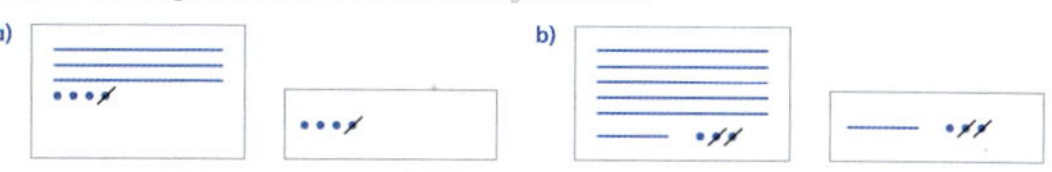

a) 34 − 1 = 33 4 − 1 = 3
b) 58 − 2 = 56 8 − 2 = 6

6. Trage ein. Rechne die kleine Aufgabe zuerst.

a) 48 − 5 = 43
8 − 5 = 3

b) 26 − 3 = 23
6 − 3 = 3

c) 89 − 1 = 88
9 − 1 = 8

1, 2, 4, 5 Ggf. Hunderterfeld, Zehnerstreifen und Plättchen verwenden

Addition und Subtraktion von Zehnerzahlen

zu Schülerbuchseite 34

1. Zeichne und rechne.

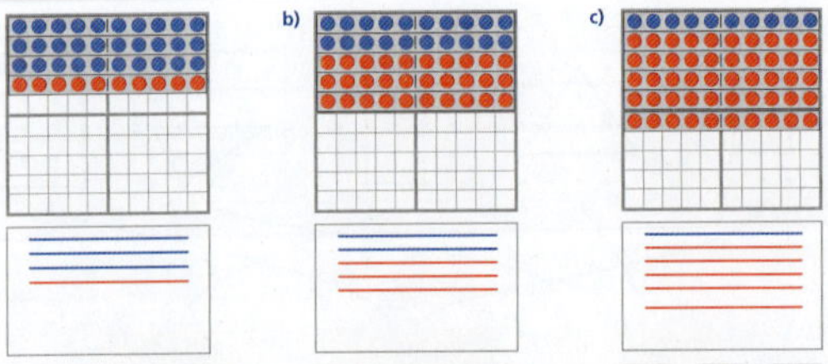

a) 30 + 10 = 40; 3Z + 1Z = 4Z
b) 20 + 30 = 50; 2Z + 3Z = 5Z
c) 10 + 50 = 60; 1Z + 5Z = 6Z

2. Zeichne, streiche durch und rechne.

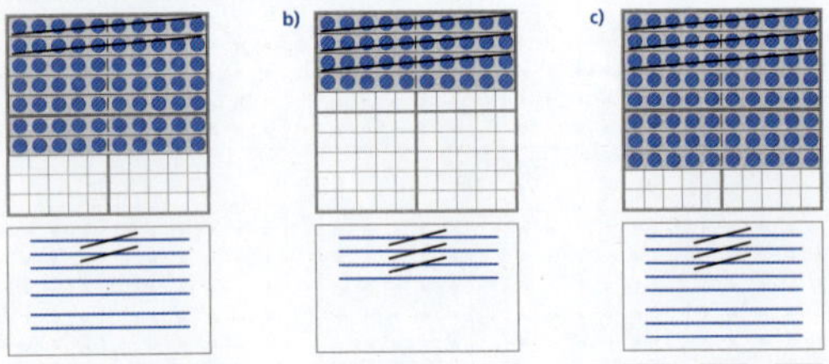

a) 70 – 20 = 50; 7Z – 2Z = 5Z
b) 40 – 30 = 10; 4Z – 3Z = 1Z
c) 80 – 30 = 50; 8Z – 3Z = 5Z

3. Rechne.

a)  50 + 10 = 60; 5Z + 1Z = 6Z
b)  20 + 20 = 40; 2Z + 2Z = 4Z
c)  40 – 40 = 0; 4Z – 4Z = 0Z
d)  80 – 50 = 30; 8Z – 5Z = 3Z

3 Ggf. Zehnerstreifen verwenden

Euro und Cent

zu Schülerbuchseiten 35, 36

1. Wie viel Cent sind es?

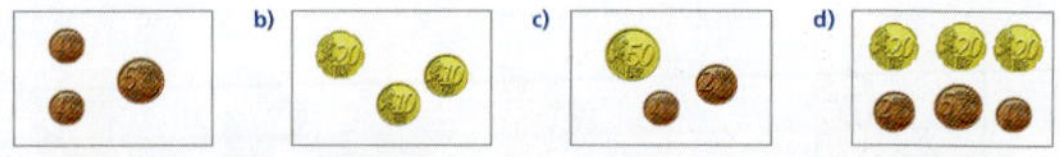

a) 7 ct b) 40 ct c) 53 ct d) 68 ct

2. Wie viel Euro sind es?

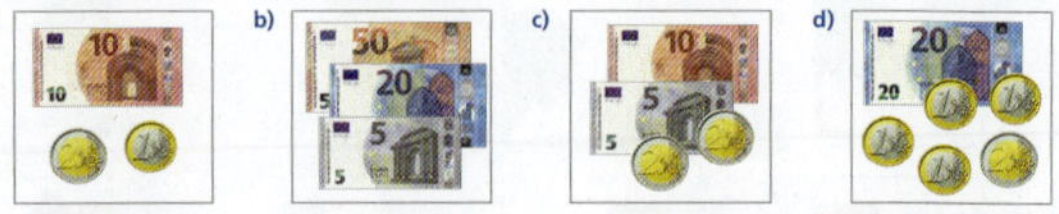

a) 13 € b) 75 € c) 19 € d) 26 €

3. Verbinde Euro mit €. Verbinde Centmünzen mit ct. Wie viel Euro und Cent sind es?

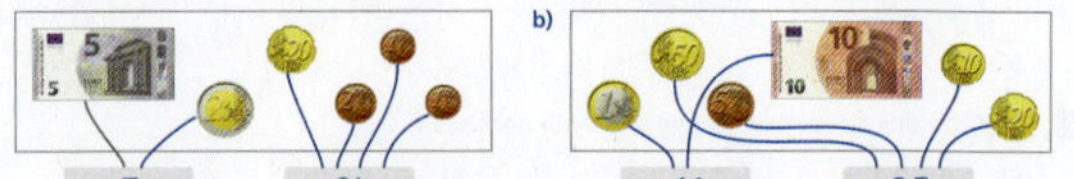

a) 7 € 24 ct
b) 11 € 85 ct

4. Finde die Fehler. Streiche durch und verbessere.

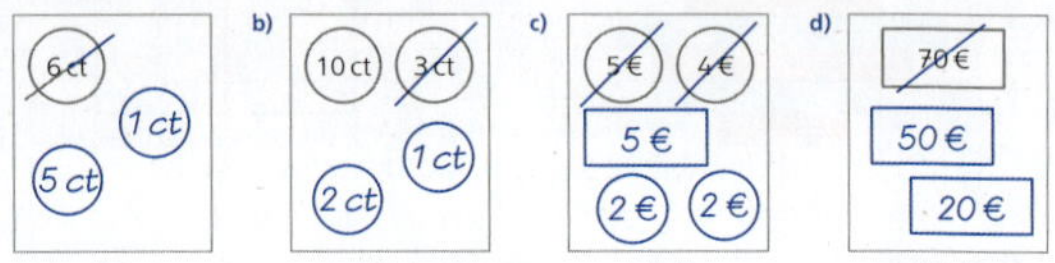

a) 6 ct b) 13 ct c) 9 € d) 70 €

5. Umkreise immer 1 €. Denke daran: 100 ct = 1 €.

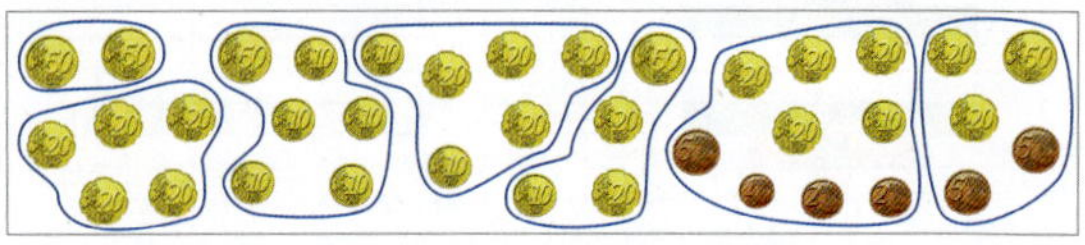

1–3 Ggf. Spielgeld verwenden
4 Falsche Münzen und Scheine durchstreichen und richtige Lösung malen

Sachrechnen – Skizzen

zu Schülerbuchseite 37

1. Welche Skizze passt? Kreuze an. Löse die Sachaufgabe.

a) Tim wirft den Ball 14 m weit. Max wirft 5 m kürzer.
F: Wie weit wirft Max?

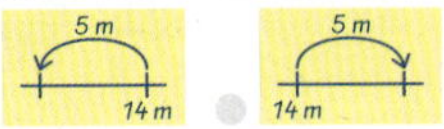

R: 14 m – 5 m = 9 m
A: *Max wirft den Ball 9 m weit.*

b) Emma hat 28 Kirschen. Sie isst 4 Kirschen.
F: Wie viele Kirschen bleiben übrig?

R: 28 – 4 = 24
A: *Es bleiben 24 Kirschen übrig.*

c) Mira sammelt Sticker. Sie hat schon 23 Stück. Hanna schenkt ihr 3 Sticker.
F: Wie viele Sticker hat Mira jetzt?

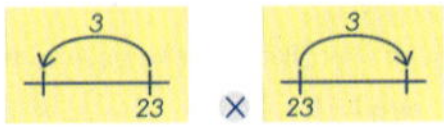

R: 23 + 3 = 26
A: *Mira hat jetzt 26 Sticker.*

2. Hier fehlt bei der Skizze etwas. Vervollständige. Löse die Sachaufgabe.

a) Tim hat 22 Murmeln. Hanna hat 6 Murmeln mehr.
F: Wie viele Murmeln hat Hanna?

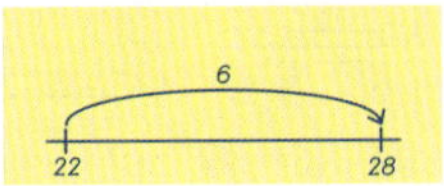

R: 22 + 6 = 28
A: *Hanna hat 28 Murmeln.*

b) In einer Packung sind 39 Kekse. Emma isst 2 Kekse.
F: Wie viele Kekse sind noch in der Packung?

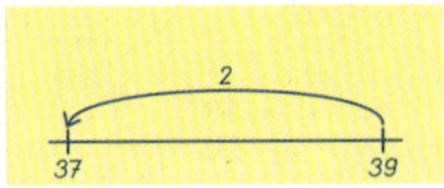

R: 39 – 2 = 37
A: *Es sind noch 37 Kekse in der Packung.*

Gemischte Übungen

zu Schülerbuchseiten 38, 39

1. Finde die Aufgabenfamilie und rechne.

a) 5, 1, 4	b) 50, 10, 40	c) 34, 5, 39	d) 21, 3, 24
4 + 1 = 5	40 + 10 = 50	34 + 5 = 39	21 + 3 = 24
1 + 4 = 5	10 + 40 = 50	5 + 34 = 39	3 + 21 = 24
5 – 1 = 4	50 – 10 = 40	39 – 5 = 34	24 – 3 = 21
5 – 4 = 1	50 – 40 = 10	39 – 34 = 5	24 – 21 = 3

2. Rechne.

a) 90 / 60 | 30
b) 80 / 40 | 40
c) 29 / 28 | 1
d) 39 / 6 | 33
e) 70 / 40 | 30 / 30 | 10 | 20
f) 90 / 40 | 50 / 30 | 10 | 40
g) 57 / 4 | 53 / 2 | 2 | 51
h) 47 / 43 | 4 / 40 | 3 | 1

3. Setze fort und rechne.

a)	b)	c)
52 + 1 = 53	49 – 4 = 45	15 + 3 = 18
52 + 2 = 54	48 – 4 = 44	25 + 3 = 28
52 + 3 = 55	47 – 4 = 43	35 + 3 = 38
52 + 4 = 56	46 – 4 = 42	45 + 3 = 48
52 + 5 = 57	45 – 4 = 41	55 + 3 = 58
52 + 6 = 58	44 – 4 = 40	65 + 3 = 68

4. Rechne.

a) innen 30, 10, 50; außen 40, 80, 60
b) innen 50, 40, 50; außen 90, 100, 90
c) innen 3, 2, 41; außen 5, 44, 43
d) innen 22, 5, 4; außen 27, 26, 9

Gleichungen und Ungleichungen

zu Schülerbuchseite 40

*1. Bringe die Waage ins Gleichgewicht. Male dazu oder streiche weg. Rechne.

a) 2; 4 − 2 = 2
b) 5; 5 = 1 + 4
c) 4; 4 = 7 − 3

*2. Verändere eine Seite der Waage, damit sie stimmt. Male dazu oder streiche weg. Rechne.

a) 4; 3 < 1 + 3
b) 3; 4 > 4 − 1
c) 8; 7 < 2 + 6

d) 6; 2 + 4 > 5
e) 7; 4 + 3 > 6
f) 0; 3 − 3 < 1

3. Rechne und setze ein: >, < oder =

a)
16: 15 + 1 < 20
39: 31 + 8 > 36
45: 47 − 2 = 45
21: 24 − 3 < 25

b)
17: 13 < 19 − 2
29: 26 + 3 = 29
47: 44 < 48 − 1
57: 52 + 5 < 60

c)
70, 90: 20 + 50 < 100 − 10
70, 60: 30 + 40 > 80 − 20
12, 12: 17 − 5 = 11 + 1
26, 24: 24 + 2 > 29 − 5

1, 2 Mehrere Lösungen sind möglich; ggf. mit einer Balkenwaage nachstellen

* Beispiellösung

Kalender – Monate, Wochen, Tage

zu Schülerbuchseiten 42, 43

1. Kennst du die Reihenfolge der Monate? Trage 1 bis 12 ein.

2	Februar	12	Dezember	9	September	7	Juli
10	Oktober	3	März	4	April	5	Mai
1	Januar	11	November	6	Juni	8	August

2. Schreibe die Wochentage der Reihe nach auf.

~~Freitag~~ ~~Mittwoch~~ ~~Donnerstag~~ ~~Montag~~
~~Sonntag~~ ~~Dienstag~~ ~~Samstag~~

Montag, Dienstag, Mittwoch, Donnerstag, Freitag, Samstag, Sonntag

3. Schreibe das Datum wie Tim.

a) 22. Januar 2025: 22.01.25
b) 16. August 2027: 16.08.27
c) 27. März 2029: 27.03.29
d) 4. Februar 2023: 04.02.23
e) 29. November 2029: 29.11.29
f) 15. Juli 2024: 15.07.24
g) 29. Mai 2025: 29.05.25
h) 16. September 2022: 16.09.22

4. Schreibe das Datum wie Emma.

a) 29.01.28: 29. Januar 2028
b) 05.04.22: 5. April 2022
c) 16.07.28: 16. Juli 2028
d) 31.12.24: 31. Dezember 2024
e) 03.11.27: 3. November 2027
f) 17.05.26: 17. Mai 2026
g) 29.08.25: 29. August 2025

Daten sammeln und darstellen

zu Schülerbuchseite 44

1. In der Tabelle stehen die Lieblingsfächer der Kinder aus der Klasse 2a. Zeichne die Säulen in das Diagramm ein.

Fächer	Anzahl
Mathe	7
Deutsch	5
Sport	3
Kunst	2
Musik	1
Sachunterricht	4
Religion	2

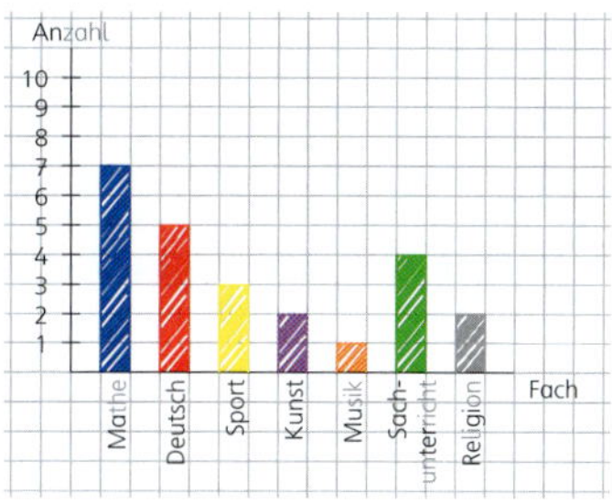

2. Das Säulendiagramm zeigt, welche Lieblingsfächer die Kinder der Klasse 2b haben.

a) Fülle die Tabelle aus.

Fächer	Anzahl
Mathe	5
Deutsch	3
Sport	7
Kunst	1
Musik	2
Sachunterricht	5
Religion	1

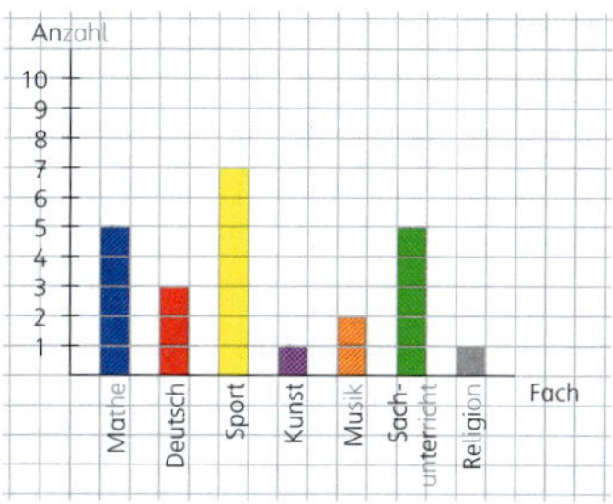

b) Trage die richtige Antwort in die Lücken ein.

In der Klasse 2b sind 24 Kinder.

Das Lieblingsfach der Klasse 2b ist Sport.

Die Fächer Deutsch oder Mathematik mögen insgesamt 8 Kinder.

Addition – Zehnerzahlen (ZE + Z)

zu Schülerbuchseite 45

1. Lege und rechne.

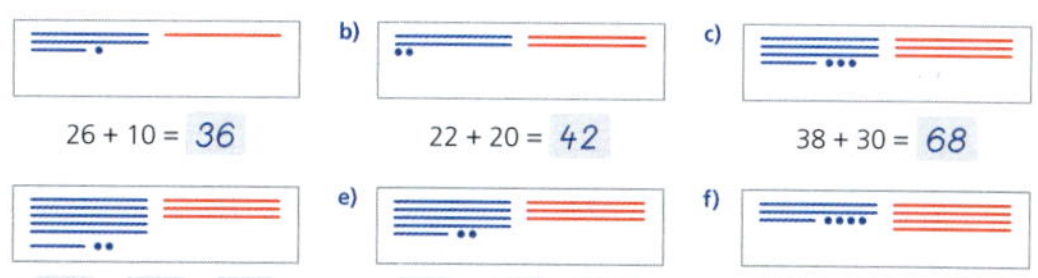

a) 26 + 10 = 36
b) 22 + 20 = 42
c) 38 + 30 = 68
d) 57 + 30 = 87
e) 47 + 30 = 77
f) 29 + 40 = 69

2. Zeichne und rechne.

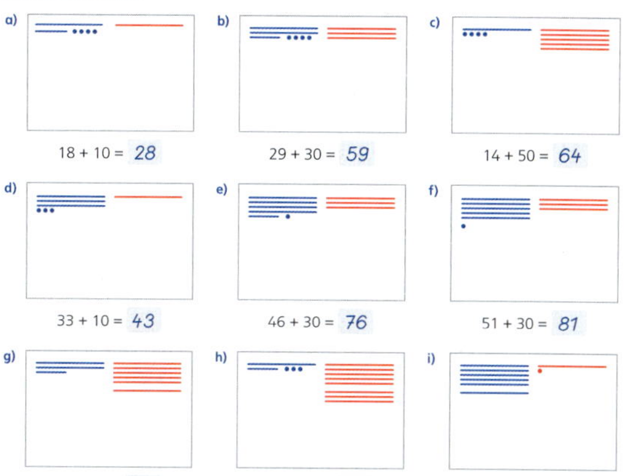

a) 18 + 10 = 28
b) 29 + 30 = 59
c) 14 + 50 = 64
d) 33 + 10 = 43
e) 46 + 30 = 76
f) 51 + 30 = 81
g) 25 + 60 = 85
h) 18 + 80 = 98
i) 60 + 11 = 71

3. Lege und rechne.

a)	b)	c)	d)
11 + 40 = 51	31 + 30 = 61	12 + 50 = 62	55 + 40 = 95
37 + 10 = 47	19 + 20 = 39	65 + 30 = 95	49 + 40 = 89
36 + 10 = 46	24 + 30 = 54	77 + 20 = 97	27 + 50 = 77
28 + 20 = 48	29 + 20 = 49	24 + 50 = 74	41 + 30 = 71

1, 3 Fünfer- und Zehnerstreifen und Plättchen verwenden

Subtraktion – Zehnerzahlen (ZE – Z)

zu Schülerbuchseite 46

1. Lege und rechne.

a) 39 – 20 = 19 b) 43 – 30 = 13 c) 62 – 40 = 22

d) 74 – 20 = 54 e) 57 – 40 = 17 f) 48 – 20 = 28

2. Lege, zeichne und rechne.

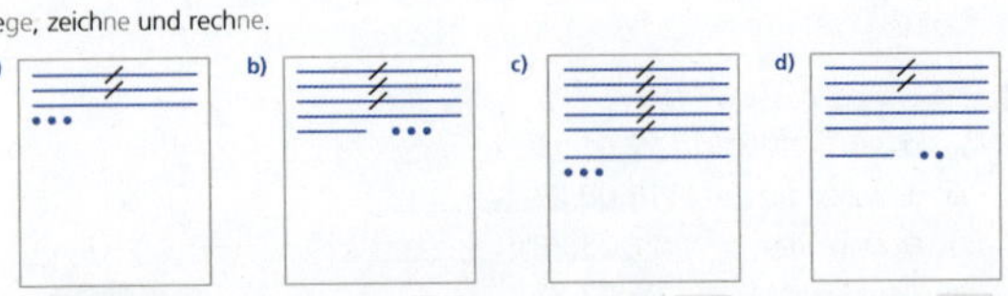

a) 33 – 20 = 13 b) 48 – 30 = 18 c) 63 – 50 = 13 d) 57 – 20 = 37

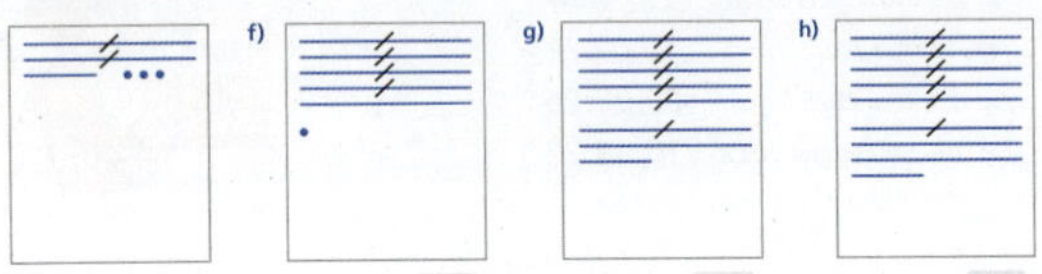

e) 28 – 20 = 8 f) 51 – 40 = 11 g) 75 – 60 = 15 h) 85 – 60 = 25

3. Lege und rechne.

a) 45 – 20 = 25
46 – 20 = 26
29 – 10 = 19

b) 63 – 40 = 23
51 – 50 = 1
49 – 40 = 9

c) 51 – 30 = 21
82 – 70 = 12
65 – 10 = 55

d) 77 – 40 = 37
85 – 70 = 15
76 – 70 = 6

1–3 Fünfer- und Zehnerstreifen und Plättchen verwenden

Addition – Zehnerübergang (ZE + E)

zu Schülerbuchseite 48

1. Male und rechne.

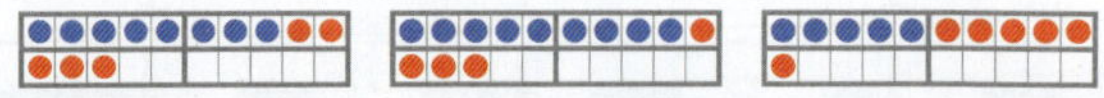

a) 8 + 5 = 13; 8 + 2 + 3 = 13
b) 9 + 4 = 13; 9 + 1 + 3 = 13
c) 5 + 6 = 11; 5 + 5 + 1 = 11

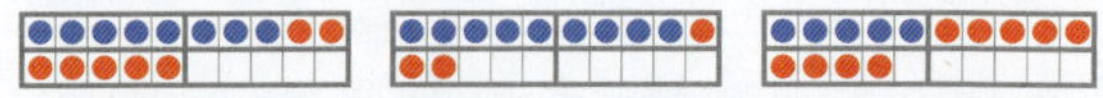

d) 8 + 7 = 15; 8 + 2 + 5 = 15
e) 9 + 3 = 12; 9 + 1 + 2 = 12
f) 5 + 9 = 14; 5 + 5 + 4 = 14

2. Lege, male und rechne.

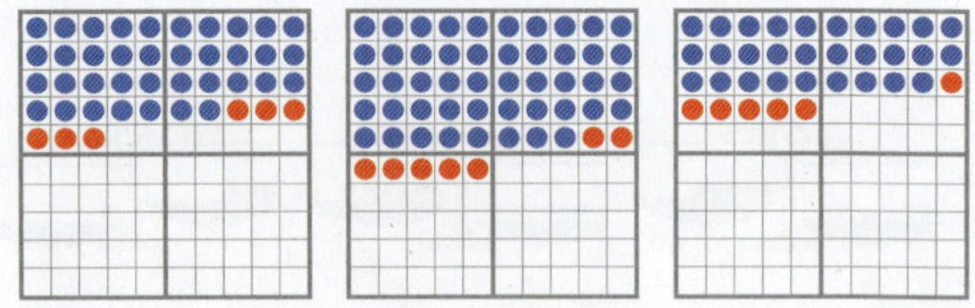

a) 37 + 6 = 43; 37 + 3 + 3 = 43
b) 48 + 7 = 55; 48 + 2 + 5 = 55
c) 29 + 6 = 35; 29 + 1 + 5 = 35

3. Rechne.

a) 17 + 7 = 24; 17 + 3 + 4 = 24
b) 18 + 8 = 26; 18 + 2 + 6 = 26
c) 19 + 9 = 28; 19 + 1 + 8 = 28
d) 25 + 6 = 31; 25 + 5 + 1 = 31
e) 25 + 7 = 32; 25 + 5 + 2 = 32
f) 25 + 8 = 33; 25 + 5 + 3 = 33
g) 16 + 8 = 24; 16 + 4 + 4 = 24
h) 26 + 8 = 34; 26 + 4 + 4 = 34
i) 36 + 8 = 44; 36 + 4 + 4 = 44

2 Hunderterfeld, Fünfer- und Zehnerstreifen und Plättchen verwenden

Addition – Zehnerübergang (ZE + E)

zu Schülerbuchseite 49

1. Rechne.

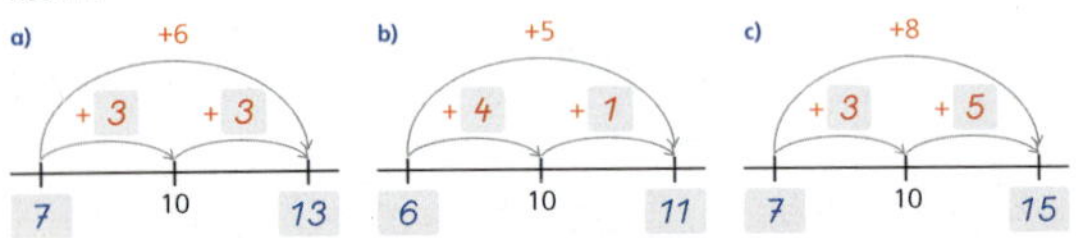

a) 7 + 6 = 13; 7 + 3 + 3 = 13
b) 6 + 5 = 11; 6 + 4 + 1 = 11
c) 7 + 8 = 15; 7 + 3 + 5 = 15

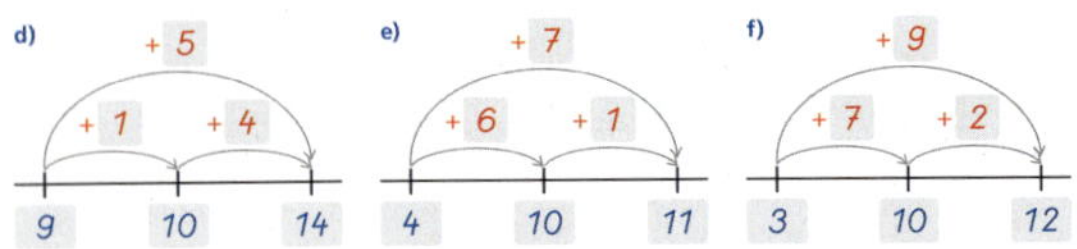

d) 9 + 5 = 14; 9 + 1 + 4 = 14
e) 4 + 7 = 11; 4 + 6 + 1 = 11
f) 3 + 9 = 12; 3 + 7 + 2 = 12

2. Rechne.

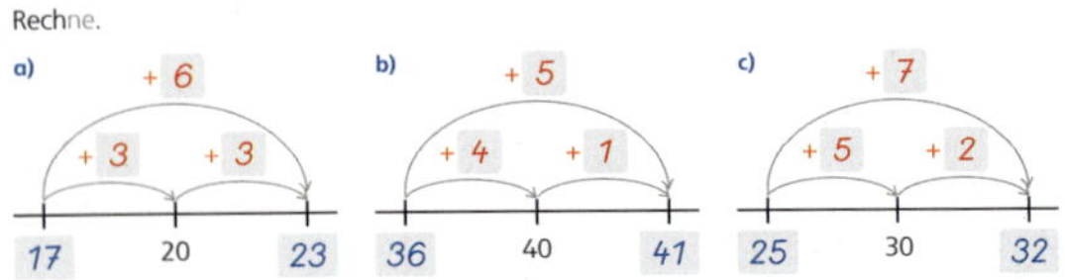

a) 17 + 6 = 23; 17 + 3 + 3 = 23
b) 36 + 5 = 41; 36 + 4 + 1 = 41
c) 25 + 7 = 32; 25 + 5 + 2 = 32

3. Rechne.

a) 24 + 7 = 31; 24 + 6 + 1 = 31
b) 36 + 8 = 44; 36 + 4 + 4 = 44
c) 43 + 8 = 51; 43 + 7 + 1 = 51

Subtraktion – Zehnerübergang (ZE – E)

zu Schülerbuchseite 50

1. Male, streiche durch und rechne.

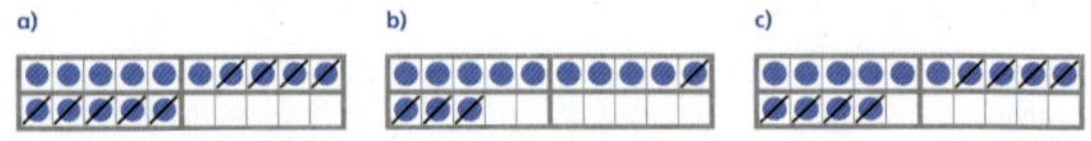

a) 15 – 9 = 6; 15 – 5 – 4 = 6
b) 13 – 4 = 9; 13 – 3 – 1 = 9
c) 14 – 8 = 6; 14 – 4 – 4 = 6

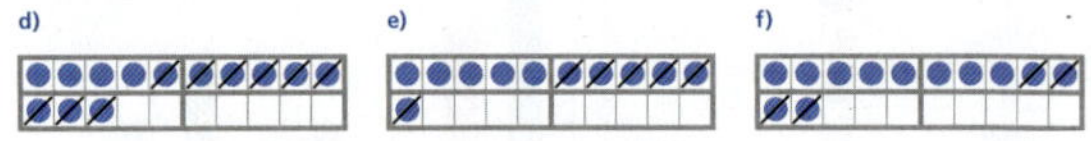

d) 13 – 9 = 4; 13 – 3 – 6 = 4
e) 11 – 6 = 5; 11 – 1 – 5 = 5
f) 12 – 4 = 8; 12 – 2 – 2 = 8

2. Lege, male, streiche durch und rechne.

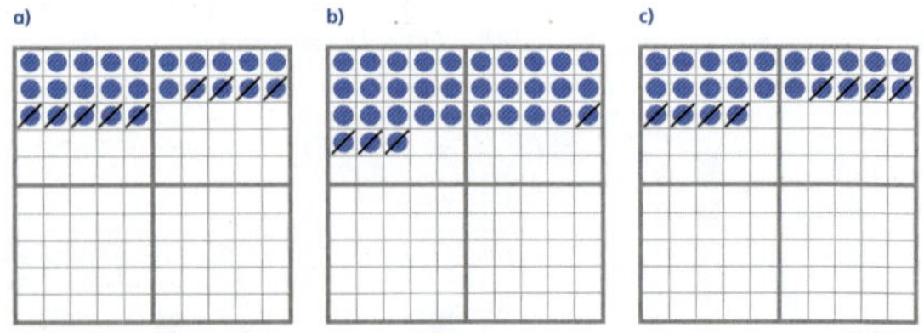

a) 25 – 9 = 16; 25 – 5 – 4 = 16
b) 33 – 4 = 29; 33 – 3 – 1 = 29
c) 24 – 8 = 16; 24 – 4 – 4 = 16

3. Rechne.

a) 25 – 5 = 20; 25 – 5 – 0 = 20
b) 25 – 6 = 19; 25 – 5 – 1 = 19
c) 25 – 7 = 18; 25 – 5 – 2 = 18
d) 14 – 5 = 9; 14 – 4 – 1 = 9
e) 24 – 5 = 19; 24 – 4 – 1 = 19
f) 34 – 5 = 29; 34 – 4 – 1 = 29
g) 23 – 7 = 16; 23 – 3 – 4 = 16
h) 33 – 7 = 26; 33 – 3 – 4 = 26
i) 43 – 7 = 36; 43 – 3 – 4 = 36

2 Hunderterfeld, Fünfer- und Zehnerstreifen und Plättchen verwenden

Subtraktion – Zehnerübergang (ZE – E)

zu Schülerbuchseite 51

1. Rechne.

a) −8: −2, −6; 8, 10, 16
16 − 8 = 8
16 − 6 − 2 = 8

b) −7: −1, −6; 9, 10, 16
16 − 7 = 9
16 − 6 − 1 = 9

c) −6: −5, −1; 5, 10, 11
11 − 6 = 5
11 − 1 − 5 = 5

d) −7: −4, −3; 6, 10, 13
13 − 7 = 6
13 − 3 − 4 = 6

e) −6: −4, −2; 6, 10, 12
12 − 6 = 6
12 − 2 − 4 = 6

f) −7: −3, −4; 7, 10, 14
14 − 7 = 7
14 − 4 − 3 = 7

2. Rechne.

a) −8: −3, −5; 17, 20, 25
25 − 8 = 17
25 − 5 − 3 = 17

b) −7: −1, −6; 29, 30, 36
36 − 7 = 29
36 − 6 − 1 = 29

c) −6: −5, −1; 35, 40, 41
41 − 6 = 35
41 − 1 − 5 = 35

3. Rechne.

a) 38 − 9 = 29
38 − 8 − 1 = 29

b) 44 − 9 = 35
44 − 4 − 5 = 35

c) 52 − 4 = 48
52 − 2 − 2 = 48

Gemischte Übungen

zu Schülerbuchseiten 49, 51

1. Rechne.

a)	b)	c)	d)
7 + 5 = 12	6 + 8 = 14	9 + 3 = 12	5 + 8 = 13
17 + 5 = 22	16 + 8 = 24	19 + 3 = 22	5 + 18 = 23
27 + 5 = 32	26 + 8 = 34	29 + 3 = 32	5 + 28 = 33
37 + 5 = 42	36 + 8 = 44	39 + 3 = 42	5 + 38 = 43
47 + 5 = 52	46 + 8 = 54	49 + 3 = 52	5 + 48 = 53
57 + 5 = 62	56 + 8 = 64	59 + 3 = 62	5 + 58 = 63

e)	f)	g)	h)
16 − 7 = 9	14 − 8 = 6	12 − 5 = 7	13 − 9 = 4
26 − 7 = 19	24 − 8 = 16	22 − 5 = 17	23 − 9 = 14
36 − 7 = 29	34 − 8 = 26	32 − 5 = 27	33 − 9 = 24
46 − 7 = 39	44 − 8 = 36	42 − 5 = 37	43 − 9 = 34
56 − 7 = 49	54 − 8 = 46	52 − 5 = 47	53 − 9 = 44
66 − 7 = 59	64 − 8 = 56	62 − 5 = 57	63 − 9 = 54

2. Rechne.

a) 12, 9, 11; 3, 2; 5
b) 39, 20, 24; 19, 4; 23
c) 50, 30, 35; 20, 5; 25
d) 24, 14, 22; 10, 8; 18

3. Rechne.

a) 17 / 5, 12 / 2, 3, 9
b) 20 / 12, 8 / 7, 5, 3
c) 14 / 6, 8 / 3, 3, 5
d) 23 / 13, 10 / 12, 1, 9
e) 35 / 15, 20 / 9, 6, 14
f) 23 / 13, 10 / 7, 6, 4
g) 16 / 7, 9 / 3, 4, 5
h) 22 / 9, 13 / 5, 4, 9
i) 32 / 24, 8 / 16, 8, 0

Sachrechnen – Rechnungen

zu Schülerbuchseite 52

1. Welche Rechnung passt zum Bild? Kreuze an.

a) 
☒ 4 + 3
○ 4 − 3
○ 4 + 4

b) 
○ 5 − 4
○ 9 + 1
☒ 9 − 4

c) 
○ 3 + 2
☒ 3 − 2
○ 5 − 2

d) 
○ 4 − 2
☒ 2 + 4
○ 6 − 2

e) 
○ 6 − 5
☒ 6 + 5
○ 11 − 5

f) 
○ 4 + 3
○ 7 + 3
☒ 7 − 3

2. Wie musst du rechnen? Kreuze an und rechne.

Aufgabe	geht nicht	+	−	Rechnung
a) Auf dem Kuchen brennen 13 Kerzen. Max bläst 6 Kerzen aus. Wie viele Kerzen brennen noch?			X	13 − 6 = 7
b) Mira hatte 11 Kekse. 4 Kekse hat sie schon gegessen. Wie viele Kekse sind es jetzt?			X	11 − 4 = 7
c) Tim hat 7 Spielautos. Max hat 8 Autos mehr. Wie viele Spielautos hat Max?		X		7 + 8 = 15
d) Auf der Wiese sind 6 Katzen und 3 Vögel. Wie viele Hunde sind es?	X			
e) Emma hat 8 Ballons. 5 fliegen davon. Wie viele Ballons hat Emma noch?			X	8 − 5 = 3
f) Auf einem Teller liegen 16 Äpfel. 4 Äpfel wurden schon gegessen. Wie viele Äpfel waren es vorher?		X		16 + 4 = 20
g) An der Haltestelle warten 9 Kinder. 8 Kinder kommen hinzu. Wann kommt der Bus?	X			

Addition – Zweistellige Zahlen ohne Übergang

zu Schülerbuchseite 54

1. Lege, zeichne, trage ein und rechne.[1]

a) 24 + 13
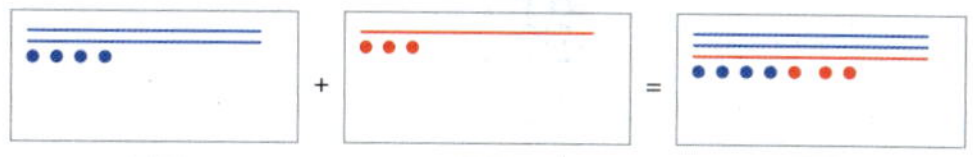
24 + 13 = 37

b) 32 + 21
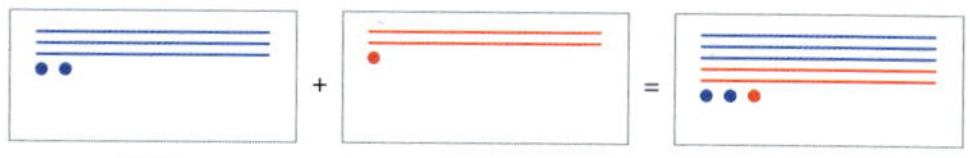
32 + 21 = 53

c) 15 + 43
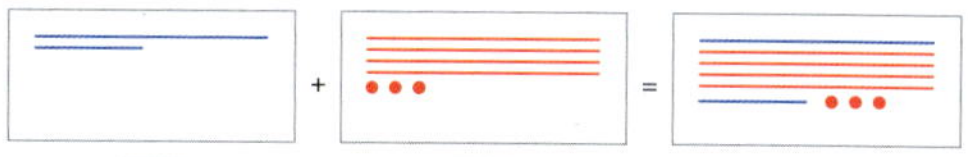
15 + 43 = 58

2. Trage ein und rechne.[2]

a) +11: +10, +1; 25, 35, 36
b) +33: +30, +3; 36, 66, 69
c) +16: +10, +6; 43, 53, 59

3. Rechne.[3]

a) 37 + 22 = 59
37 + 20 = 57
57 + 2 = 59

b) 42 + 35 = 77
42 + 30 = 72
72 + 5 = 77

c) 55 + 13 = 68
55 + 10 = 65
65 + 3 = 68

d) 24 + 43 = 67
24 + 40 = 64
64 + 3 = 67

e) 61 + 23 = 84
61 + 20 = 81
81 + 3 = 84

f) 76 + 11 = 87
76 + 10 = 86
86 + 1 = 87

1 Fünfer- und Zehnerstreifen und Plättchen verwenden
2,3 Erst die Zehner dazu, dann die Einer

Addition – Zweistellige Zahlen (ZE + ZE) mit Übergang

zu Schülerbuchseite 55

1. Lege, zeichne, trage ein und rechne.

a) 36 + 17: 36 + 17 = 53

b) 28 + 23: 28 + 23 = 51

c) 18 + 34: 18 + 34 = 52

2. Trage ein und rechne.

a) +15 (+10, +5): 27 → 37 → 42

b) +37 (+30, +7): 34 → 64 → 71

c) +26 (+20, +6): 48 → 68 → 74

3. Rechne.

a) 36 + 47 = 83; 36 + 40 = 76; 76 + 7 = 83

b) 55 + 17 = 72; 55 + 10 = 65; 65 + 7 = 72

c) 32 + 29 = 61; 32 + 20 = 52; 52 + 9 = 61

d) 43 + 38 = 81; 43 + 30 = 73; 73 + 8 = 81

e) 28 + 48 = 76; 28 + 40 = 68; 68 + 8 = 76

f) 36 + 14 = 50; 36 + 10 = 46; 46 + 4 = 50

38

1 Fünfer- und Zehnerstreifen und Plättchen verwenden
2, 3 Erst die Zehner dazu, dann die Einer

Subtraktion – Zweistellige Zahlen ohne Übergang

zu Schülerbuchseite 58

1. Lege, zeichne, trage ein und rechne.

a) 23 – 12: 23 – 12 = 11

b) 36 – 23: 36 – 23 = 13

c) 43 – 31: 43 – 31 = 12

d) 28 – 13: 28 – 13 = 15

e) 37 – 24: 37 – 24 = 13

f) 45 – 32: 45 – 32 = 13

2. Trage ein und rechne.

a) –13 (–3, –10): 44 → 34 → 31

b) –21 (–1, –20): 39 → 19 → 18

c) –33 (–3, –30): 56 → 26 → 23

d) –22 (–2, –20): 43 → 23 → 21

e) –11 (–1, –10): 34 → 24 → 23

f) –53 (–3, –50): 65 → 15 → 12

3. Rechne.

a) 35 – 14 = 21; 35 – 10 = 25; 25 – 4 = 21

b) 58 – 22 = 36; 58 – 20 = 38; 38 – 2 = 36

c) 46 – 14 = 32; 46 – 10 = 36; 36 – 4 = 32

d) 73 – 32 = 41; 73 – 30 = 43; 43 – 2 = 41

e) 58 – 22 = 36; 58 – 20 = 38; 38 – 2 = 36

f) 55 – 35 = 20; 55 – 30 = 25; 25 – 5 = 20

1 Fünfer- und Zehnerstreifen und Plättchen verwenden
2, 3 Erst minus Zehner, dann minus Einer

39

Subtraktion – Zweistellige Zahlen mit Übergang

zu Schülerbuchseite 59

1. Lege, zeichne, trage ein und rechne.

a) 24 – 16: 24 – 16 = 8

b) 31 – 14: 31 – 14 = 17

c) 34 – 25: 34 – 25 = 9

d) 23 – 17: 23 – 17 = 6

e) 42 – 34: 42 – 34 = 8

f) 57 – 28: 57 – 28 = 29

2. Trage ein und rechne.

a) –18 (–8, –10): 42 → 32 → 24

b) –33 (–3, –30): 91 → 61 → 58

c) –27 (–7, –20): 46 → 26 → 19

d) –12 (–2, –10): 21 → 11 → 9

e) –28 (–8, –20): 36 → 26 → 18

f) –35 (–5, –30): 74 → 44 → 39

3. Rechne.

a) 45 – 16 = 29; 45 – 10 = 35; 35 – 6 = 29

b) 38 – 19 = 19; 38 – 10 = 28; 28 – 9 = 19

c) 51 – 37 = 14; 51 – 30 = 21; 21 – 7 = 14

d) 22 – 13 = 9; 22 – 10 = 12; 12 – 3 = 9

e) 48 – 38 = 10; 48 – 30 = 18; 18 – 8 = 10

f) 67 – 29 = 38; 67 – 20 = 47; 47 – 9 = 38

40

1 Fünfer- und Zehnerstreifen und Plättchen verwenden
2, 3 Erst minus Zehner, dann minus Einer

Sachrechnen – Übungen

zu Schülerbuchseiten 62, 63

1. Markiere die Wörter, die in Frage und Antwort gleich sind.

a) F: Wie viel müssen sie bezahlen?
A: Sie müssen 36 € bezahlen.

b) F: Wann kommt der Zug an?
A: Der Zug kommt um 20 Uhr an.

c) F: Wie viele Kinder sind es zusammen?
A: Es sind zusammen 28 Kinder.

d) F: Wie viel Geld bekommt er zurück?
A: Er bekommt 11 € zurück.

e) F: Wann treffen sich Emma und Max?
A: Sie treffen sich um 15 Uhr.

f) F: Wie viele Tische sind es insgesamt?
A: Es sind insgesamt 42 Tische.

2. Welche Antwort passt? Verbinde.

- F: Wann endet der Film? – A: Der Film endet um 21 Uhr.
- F: Wie viele Kugeln sind es insgesamt? – A: Es sind insgesamt 32 Kugeln.
- F: Wie viel muss er bezahlen? – A: Er muss 22 € bezahlen.
- F: Wie viel Geld bekommt Tim zurück? – A: Tim bekommt 8 € zurück.
- F: Wann beginnt der Unterricht? – A: Der Unterricht beginnt um 8 Uhr.
- F: Wie viele Stifte sind es zusammen? – A: Es sind zusammen 13 Stifte.

3. Rechne und schreibe den Antwortsatz.

a) Wie viele Kinder sind es zusammen?

R: 26 + 12 = 38; 26 + 10 = 36; 36 + 2 = 38

A: Es sind zusammen 38 Kinder.

b) Wie viele Stühle sind es zusammen?

R: 31 + 14 = 45; 31 + 10 = 41; 41 + 4 = 45

A: Es sind zusammen 45 Stühle.

41

Wahrscheinlichkeit

zu Schülerbuchseiten 64, 65

1. Spiele nach und kreuze an.

a)
- ○ Es ist **sicher**, einen blauen Steckwürfel zu ziehen.
- ☒ Es ist **möglich**, einen blauen Steckwürfel zu ziehen.
- ○ Es ist **unmöglich**, einen blauen Steckwürfel zu ziehen.

b)
- ○ Es ist **sicher**, einen roten Steckwürfel zu ziehen.
- ☒ Es ist **möglich**, einen roten Steckwürfel zu ziehen.
- ○ Es ist **unmöglich**, einen roten Steckwürfel zu ziehen.

2. Wähle 2 passende Steckwürfel und male sie in das Glas. Streiche schon benutzte Steckwürfel durch.

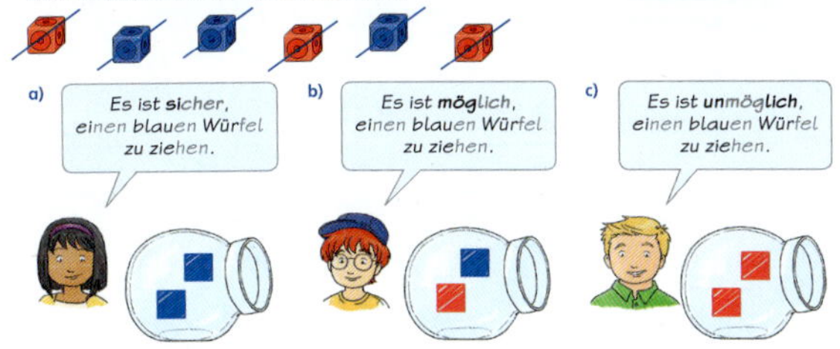

3. Trage „sicher", „möglich" oder „unmöglich" ein.

a)

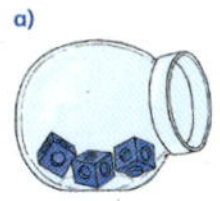

Es ist *unmöglich*, einen roten Steckwürfel zu ziehen.
Es ist *sicher*, einen blauen Steckwürfel zu ziehen.

b)

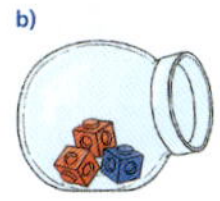

Es ist *möglich*, einen roten Steckwürfel zu ziehen.
Es ist *möglich*, einen blauen Steckwürfel zu ziehen.

c)

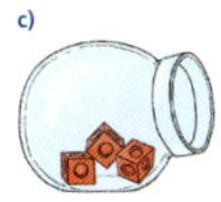

Es ist *sicher*, einen roten Steckwürfel zu ziehen.
Es ist *unmöglich*, einen blauen Steckwürfel zu ziehen.

1 Steckwürfel verwenden
2 Jeder Steckwürfel darf nur einmal verwendet werden

Fortgesetzte Addition

zu Schülerbuchseite 66

1. Schreibe die Plusaufgabe. Rechne.

a)

2 + 2 + 2 = 6

b)

3 + 3 + 3 = 9

2. Rechne weiter.

a)
6 + 6 = 12
6 + 6 + 6 = 18
6 + 6 + 6 + 6 = 24
6 + 6 + 6 + 6 + 6 = 30
6 + 6 + 6 + 6 + 6 + 6 = 36

b)
4 + 4 = 8
4 + 4 + 4 = 12
4 + 4 + 4 + 4 = 16
4 + 4 + 4 + 4 + 4 = 20
4 + 4 + 4 + 4 + 4 + 4 = 24

3. Löse die Sachaufgabe.

Tim nimmt 4-mal am Weitsprung teil. Er muss jedes Mal 3 Sprünge machen. Wie oft wurde seine Weite gemessen?

L: 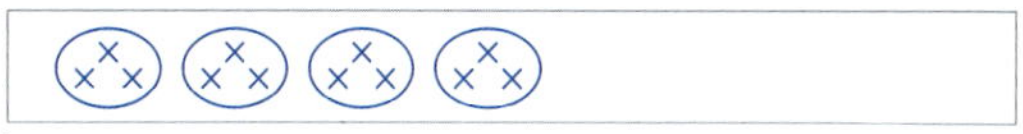

R: 3 + 3 + 3 + 3 = 12

A: *Es wurde 12-mal seine Weite gemessen.*

Multiplikationsverständnis aufbauen

zu Schülerbuchseiten 68, 69

1. Lege, male und rechne.

a)

5 + 5 + 5 + 5 = 20
4 · 5 = 20

b)

3 + 3 + 3 = 9
3 · 3 = 9

2. Lege und schreibe die passende Malaufgabe.

a) 4 + 4 + 4 + 4 + 4 — *5 · 4*
b) 10 + 10 — *2 · 10*
c) 3 + 3 + 3 + 3 — *4 · 3*
d) 2 + 2 + 2 + 2 + 2 — *5 · 2*
e) 6 + 6 + 6 — *3 · 6*
f) 8 + 8 + 8 + 8 + 8 — *5 · 8*

3. Lege. Rechne zu jedem Bild die passende Plus- und Malaufgabe.

a)

10 + 10 = 20
2 · 10 = 20

b)

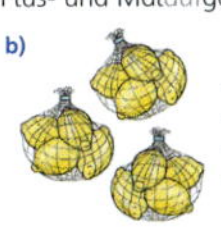

4 + 4 + 4 = 12
3 · 4 = 12

4. Lege. Rechne zu jedem Bild die passende Plus- und Malaufgabe.

a)

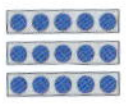

5 + 5 + 5 = 15
3 · 5 = 15

b)

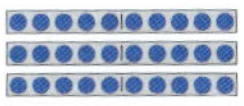

10 + 10 + 10 = 30
3 · 10 = 30

1–4 Fünfer- und Zehnerstreifen und Plättchen verwenden

Malaufgaben | Tauschaufgaben

zu Schülerbuchseiten 70, 71

1. Rechne die passende Plus- und Malaufgabe.

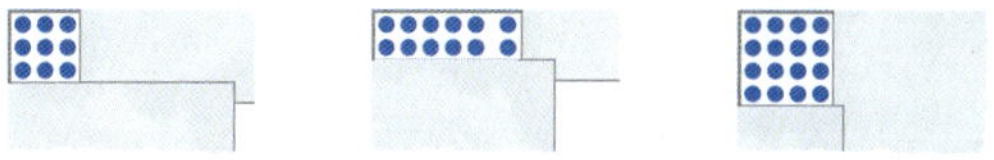

a) 3 + 3 + 3 = 9; 3 · 3 = 9
b) 6 + 6 = 12; 2 · 6 = 12
c) 4 + 4 + 4 + 4 = 16; 4 · 4 = 16

2. Zeige am Hunderterpunktefeld und rechne die passende Malaufgabe.

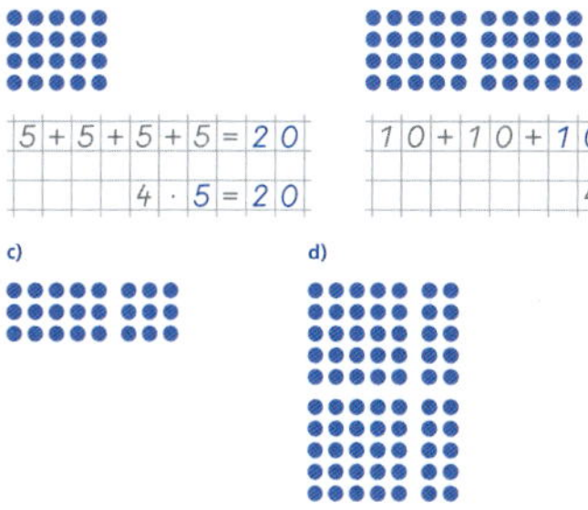

a) 5 + 5 + 5 + 5 = 20; 4 · 5 = 20
b) 10 + 10 + 10 + 10 = 40; 4 · 10 = 40
c) 8 + 8 + 8 = 24; 3 · 8 = 24
d) 7 + 7 + 7 + 7 + 7 + 7 + 7 + 7 + 7 + 7 = 70; 10 · 7 = 70

3. Schreibe Aufgabe und Tauschaufgabe zum Punktefeld. Rechne die leichte Aufgabe zuerst.

a) 5 · 7 = 35; 7 · 5 = 35
b) 3 · 10 = 30; 10 · 3 = 30
c) 3 · 7 = 21; 7 · 3 = 21
d) 4 · 6 = 28; 6 · 4 = 28

2 Hunderterpunktefeld verwenden

Verdopplungsaufgaben als Malnehmen mit 2

zu Schülerbuchseite 72

1. Rechne die Plus- und die Malaufgabe.

a) 5 + 5 = 10; 2 · 5 = 10
b) 1 + 1 = 2; 2 · 1 = 2
c) 3 + 3 = 6; 2 · 3 = 6
d) 4 + 4 = 8; 2 · 4 = 8
e) 8 + 8 = 16; 2 · 8 = 16
f) 7 + 7 = 14; 2 · 7 = 14
g) 6 + 6 = 12; 2 · 6 = 12
h) 9 + 9 = 18; 2 · 9 = 18

2. Male. Rechne die Plus- und die Malaufgabe.

a) 3 + 3 = 6; 2 · 3 = 6
b) 5 + 5 = 10; 2 · 5 = 10
c) 8 + 8 = 16; 2 · 8 = 16
d) 6 + 6 = 12; 2 · 6 = 12
e) 4 + 4 = 8; 2 · 4 = 8
f) 7 + 7 = 14; 2 · 7 = 14

3. Rechne.

a) 2 + 2 = 4; 2 · 2 = 4; 6 + 6 = 12; 2 · 6 = 12
b) 4 + 4 = 8; 2 · 4 = 8; 5 + 5 = 10; 2 · 5 = 10
c) 3 + 3 = 6; 2 · 3 = 6; 10 + 10 = 20; 2 · 10 = 20
d) 7 + 7 = 14; 2 · 7 = 14; 8 + 8 = 16; 2 · 8 = 16

4. Trage ein.

Zahl	0	1	2	3	4	5	6	7	8	9	10
das Zweifache	0	2	4	6	8	10	12	14	16	18	20

Multiplikationsaufgaben mit 10

zu Schülerbuchseite 73

1. Rechne die passende Plus- und Malaufgabe.

a) 10 + 10 + 10 = 30; 3 · 10 = 30
b) 10 + 10 + 10 + 10 = 40; 4 · 10 = 40
c) 10 + 10 + 10 + 10 + 10 = 50; 5 · 10 = 50

2. Lege, male und rechne.

a) 2 · 10 = 20
b) 5 · 10 = 50
c) 3 · 10 = 30
d) 4 · 10 = 40

3. Lege, setze fort und rechne.

a)
1 · 10 = 10
2 · 10 = 20
3 · 10 = 30
4 · 10 = 40
5 · 10 = 50
6 · 10 = 60
7 · 10 = 70
8 · 10 = 80
9 · 10 = 90
10 · 10 = 100

b)
10 · 1 = 10
10 · 2 = 20
10 · 3 = 30
10 · 4 = 40
10 · 5 = 50
10 · 6 = 60
10 · 7 = 70
10 · 8 = 80
10 · 9 = 90
10 · 10 = 100

4. Lege, rechne und vergleiche.

a) 1 · 2 = 2; 10 · 2 = 20
b) 1 · 5 = 5; 10 · 5 = 50
c) 1 · 3 = 3; 10 · 3 = 30
d) 1 · 9 = 9; 10 · 9 = 90

5. Trage ein.

Zahl	0	1	2	3	4	5	6	7	8	9	10
das Zehnfache	0	10	20	30	40	50	60	70	80	90	100

2–4 Zehnerstreifen verwenden

Multiplikationsaufgaben mit 5

zu Schülerbuchseite 75

1. Rechne die Plus- und die Malaufgabe.

a) 5 + 5 + 5 + 5 + 5 + 5 = 30; 6 · 5 = 30
b) 5 + 5 + 5 + 5 + 5 + 5 + 5 + 5 = 40; 8 · 5 = 40

2. Rechne die passende Plus- und Malaufgabe.

a) 5 + 5 = 10; 2 · 5 = 10
b) 5 + 5 + 5 = 15; 3 · 5 = 15
c) 5 + 5 + 5 + 5 = 20; 4 · 5 = 20

3. Setze fort und rechne.

a)
1 · 5 = 5
2 · 5 = 10
3 · 5 = 15
4 · 5 = 20
5 · 5 = 25
6 · 5 = 30
7 · 5 = 35
8 · 5 = 40
9 · 5 = 45
10 · 5 = 50

b)
5 · 1 = 5
5 · 2 = 10
5 · 3 = 15
5 · 4 = 20
5 · 5 = 25
5 · 6 = 30
5 · 7 = 35
5 · 8 = 40
5 · 9 = 45
5 · 10 = 50

4. Zeige am Hunderterpunktefeld. Rechne und vergleiche.

a) 5 · 3 = 15; 10 · 3 = 30
b) 5 · 4 = 20; 10 · 4 = 40
c) 5 · 5 = 25; 10 · 5 = 50
d) 5 · 10 = 50; 10 · 10 = 100

5. Trage ein.

Zahl	0	1	2	3	4	5	6	7	8	9	10
das Fünffache	0	5	10	15	20	25	30	35	40	45	50

4 Hunderterpunktefeld verwenden

Einmaleinstabelle

zu Schülerbuchseite 78

1. Trage die Kernaufgaben ein.

·	1	2	3	4	5	6	7	8	9	10
1	1 · 1	1 · 2	1 · 3	1 · 4	1 · 5	1 · 6	1 · 7	1 · 8	1 · 9	1 · 10
2	2 · 1	2 · 2	2 · 3	2 · 4	2 · 5	2 · 6	2 · 7	2 · 8	2 · 9	2 · 10
3	3 · 1	3 · 2			3 · 5					3 · 10
4	4 · 1	4 · 2			4 · 5					4 · 10
5	5 · 1	5 · 2	5 · 3	5 · 4	5 · 5	5 · 6	5 · 7	5 · 8	5 · 9	5 · 10
6	6 · 1	6 · 2			6 · 5					6 · 10
7	7 · 1	7 · 2			7 · 5					7 · 10
8	8 · 1	8 · 2			8 · 5					8 · 10
9	9 · 1	9 · 2			9 · 5					9 · 10
10	10 · 1	10 · 2	10 · 3	10 · 4	10 · 5	10 · 6	10 · 7	10 · 8	10 · 9	10 · 10

2. Wo passen die Ergebnisse? Trage ein.

8 10 12 16 18 25 30 40 50

·	1	2	3	4	5	6	7	8	9	10
1	1	2	3	4	5	6	7	8	9	10
2	2	4	6	8	10	12	14	16	18	20
3	3	6			15	18				30
4	4	8	12	16	20					40
5	5	10	15	20	25	30	35	40	45	50
6	6	12	18		30					60
7	7	14			35					70
8	8	16			40					80
9	9	18			45					90
10	10	20	30	40	50	60	70	80	90	100

2 Ein Ergebnis kann in mehrere Felder eingetragen werden

Nachbaraufgaben

zu Schülerbuchseite 79

1. Zeige am Hunderterpunktefeld und rechne.[1]

a)

1 · 6 = 6	2 · 5 = 10
2 · 6 = 12	2 · 6 = 12

b)

3 · 2 = 6	4 · 1 = 4
4 · 2 = 8	4 · 2 = 8

c)

5 · 4 = 20	5 · 4 = 20
6 · 4 = 24	5 · 5 = 25

d)

3 · 8 = 24	3 · 8 = 24
4 · 8 = 32	3 · 9 = 27

e)

7 · 4 = 28	8 · 3 = 24
8 · 4 = 32	8 · 4 = 32
9 · 4 = 36	8 · 5 = 40

f)

8 · 9 = 72	9 · 8 = 72
9 · 9 = 81	9 · 9 = 81
10 · 9 = 90	9 · 10 = 90

* **2:** Trage die Aufgabe in die Einmaleinstabelle ein. Welche Kernaufgabe hilft dir? Rechne.[2]

·	1	2	3	4	5	6	7	8	9	10
1										
2			2 · 3				2 · 7	2 · 8		
3			3 · 3				3 · 7	3 · 8		
4				4 · 4		4 · 6		4 · 8		
5				5 · 4		5 · 6		5 · 8		
6				6 · 4	6 · 5					
7									7 · 9	7 · 10
8		8 · 2	8 · 3							
9				9 · 4			9 · 7	9 · 8		
10				10 · 4			10 · 7	10 · 8		

a) 2 · 3 = 6; 3 · 3 = 9
b) 6 · 4 = 24; 6 · 5 = 30
c) 4 · 4 = 16; 5 · 4 = 20
d) 2 · 7 = 14; 3 · 7 = 21
e) 8 · 2 = 16; 8 · 3 = 24
f) 9 · 4 = 36; 10 · 4 = 40
g) 7 · 9 = 63; 7 · 10 = 70
h) 9 · 8 = 72; 10 · 8 = 80
i) 9 · 7 = 63; 10 · 7 = 70
j) 4 · 8 = 32; 5 · 8 = 40
k) 2 · 8 = 16; 3 · 8 = 24
l) 4 · 6 = 24; 5 · 6 = 30

* Beispiellösung

1 Hunderterpunktefeld verwenden
2 Zum Teil sind mehrere Lösungen möglich

Multiplikationsaufgaben mit 4

zu Schülerbuchseite 81

1. Rechne die Malaufgaben mit 2 und mit 4.

a) 2 · 2 = 4; 4 · 2 = 8
b) 2 · 10 = 20; 4 · 10 = 40
c) 2 · 1 = 2; 4 · 1 = 4

2. Lege, male und rechne.[2]

a) 1 · 4 = 4
b) 2 · 4 = 8
c) 3 · 4 = 12
d) 4 · 4 = 16

3. Lege, setze fort und rechne.[3]

a)
1 · 4 = 4
2 · 4 = 8
3 · 4 = 12
4 · 4 = 16
5 · 4 = 20
6 · 4 = 24
7 · 4 = 28
8 · 4 = 32
9 · 4 = 36
10 · 4 = 40

b)
4 · 1 = 4
4 · 2 = 8
4 · 3 = 12
4 · 4 = 16
4 · 5 = 20
4 · 6 = 24
4 · 7 = 28
4 · 8 = 32
4 · 9 = 36
4 · 10 = 40

4. Lege, rechne und vergleiche.[4]

a) 2 · 2 = 4; 4 · 2 = 8
b) 2 · 10 = 20; 4 · 10 = 40
c) 2 · 9 = 18; 4 · 9 = 36
d) 2 · 7 = 14; 4 · 7 = 28

5. Trage ein.

Zahl	0	1	2	3	4	5	6	7	8	9	10
das Vierfache	0	4	8	12	16	20	24	28	32	36	40

2 Plättchen verwenden
3,4 Fünfer- und Zehnerstreifen und Plättchen verwenden

Multiplikationsaufgaben mit 8

zu Schülerbuchseite 82

1. Rechne die Malaufgaben mit 4 und mit 8.

a) 4 · 2 = 8; 8 · 2 = 16
b) 4 · 10 = 40; 8 · 10 = 80
c) 4 · 5 = 20; 8 · 5 = 40

2. Lege, male und rechne.[2]

a) 1 · 8 = 8
b) 2 · 8 = 16
c) 3 · 8 = 24
d) 4 · 8 = 32

3. Lege, setze fort und rechne.[3]

a)
1 · 8 = 8
2 · 8 = 16
3 · 8 = 24
4 · 8 = 32
5 · 8 = 40
6 · 8 = 48
7 · 8 = 56
8 · 8 = 64
9 · 8 = 72
10 · 8 = 80

b)
8 · 1 = 8
8 · 2 = 16
8 · 3 = 24
8 · 4 = 32
8 · 5 = 40
8 · 6 = 48
8 · 7 = 56
8 · 8 = 64
8 · 9 = 72
8 · 10 = 80

c)
5 · 8 = 40
4 · 8 = 32
3 · 8 = 24
2 · 8 = 16
1 · 8 = 8

d)
8 · 5 = 40
8 · 4 = 32
8 · 3 = 24
8 · 2 = 16
8 · 1 = 8

4. Trage ein.

Zahl	0	1	2	3	4	5	6	7	8	9	10
das Achtfache	0	8	16	24	32	40	48	56	64	72	80

2 Plättchen verwenden
3 Fünfer- und Zehnerstreifen und Plättchen verwenden

Multiplikationsaufgaben mit 3

zu Schülerbuchseite 83

1. Ergänze das Bild. Rechne Aufgabe und Nachbaraufgabe.

a) 2 · 2 = 4; 3 · 2 = 6
b) 2 · 10 = 20; 3 · 10 = 30
c) 2 · 5 = 10; 3 · 5 = 15
d) 2 · 3 = 6; 3 · 3 = 9
e) 2 · 9 = 18; 3 · 9 = 27
f) 2 · 7 = 14; 3 · 7 = 21

2. Rechne.

a) 2 · 3 = 6
b) 3 · 3 = 9
c) 4 · 3 = 12
c) 5 · 3 = 15

3. Lege, setze fort und rechne.[3]

a)
3 · 1 = 3
3 · 2 = 6
3 · 3 = 9
3 · 4 = 12
3 · 5 = 15
3 · 6 = 18
3 · 7 = 21
3 · 8 = 24
3 · 9 = 27
3 · 10 = 30

b)
10 · 3 = 30
9 · 3 = 27
8 · 3 = 24
7 · 3 = 21
6 · 3 = 18
5 · 3 = 15
4 · 3 = 12
3 · 3 = 9
2 · 3 = 6
1 · 3 = 3

4. Trage ein.

Zahl	0	1	2	3	4	5	6	7	8	9	10
das Zweifache	0	2	4	6	8	10	12	14	16	18	20
das Dreifache	0	3	6	9	12	15	18	21	24	27	30

3 Fünfer- und Zehnerstreifen und Plättchen verwenden

Multiplikationsaufgaben mit 6

zu Schülerbuchseite 84

1. Ergänze das Bild. Rechne Aufgabe und Nachbaraufgabe.

a) 5 · 2 = 10; 6 · 2 = 12

b) 5 · 10 = 50; 6 · 10 = 60

c) 5 · 3 = 15; 6 · 3 = 18

2. Zeige am Hunderterpunktefeld. Rechne zuerst die leichte Nachbaraufgabe.

a) 5 · 4 = 20; 6 · 4 = 24

b) 5 · 2 = 10; 6 · 2 = 12

c) 5 · 8 = 40; 6 · 8 = 48

3. Rechne.

a) 2 · 6 = 12

b) 5 · 6 = 30

c) 6 · 6 = 36

4. Lege, setze fort und rechne.

a)
6 · 1 = 6
6 · 2 = 12
6 · 3 = 18
6 · 4 = 24
6 · 5 = 30
6 · 6 = 36
6 · 7 = 42
6 · 8 = 48
6 · 9 = 54
6 · 10 = 60

b)
10 · 6 = 60
9 · 6 = 54
8 · 6 = 48
7 · 6 = 42
6 · 6 = 36
5 · 6 = 30
4 · 6 = 24
3 · 6 = 18
2 · 6 = 12
1 · 6 = 6

5. Trage ein.

Zahl	0	1	2	3	4	5	6	7	8	9	10
das Fünffache	0	5	10	15	20	25	30	35	40	45	50
das Sechsfache	0	6	12	18	24	30	36	42	48	54	60

2 Hunderterpunktefeld verwenden
4 Fünfer- und Zehnerstreifen und Plättchen verwenden

Multiplikationsaufgaben mit 9

zu Schülerbuchseite 85

1. Streiche durch. Rechne zuerst die Nachbaraufgabe.

a) 9 · 2 = 18; 10 · 2 = 20

b) 9 · 10 = 90; 10 · 10 = 100

c) 9 · 5 = 45; 10 · 5 = 50

2. Rechne.

a) 2 · 9 = 18

b) 6 · 9 = 54

c) 5 · 9 = 45

d) 1 · 9 = 9

3. Male die Nachbaraufgabe an. Rechne.

a) 3 · 9 = 27; 3 · 10 = 30

b) 4 · 9 = 36; 4 · 10 = 40

c) 6 · 9 = 54; 6 · 10 = 60

4. Lege, setze fort und rechne.

a)
9 · 1 = 9
9 · 2 = 18
9 · 3 = 27
9 · 4 = 36
9 · 5 = 45
9 · 6 = 54
9 · 7 = 63
9 · 8 = 72
9 · 9 = 81
9 · 10 = 90

b)
10 · 9 = 90
9 · 9 = 81
8 · 9 = 72
7 · 9 = 63
6 · 9 = 54
5 · 9 = 45
4 · 9 = 36
3 · 9 = 27
2 · 9 = 18
1 · 9 = 9

4 Fünfer- und Zehnerstreifen und Plättchen verwenden

Gemischte Übungen

zu Schülerbuchseiten 86, 87

1. Rechenmauern mit Mal. Rechne.

a) 10; 5, 2
b) 6; 3, 2
c) 70; 7, 10
d) 20; 4, 5
e) 8; 1, 8

2. Rechne.

a) 20; 2, 10
b) 70; 7, 10
c) 16; 2, 8
d) 90; 10, 9
e) 100; 10, 10

3. Rechendreiecke mit Mal. Rechne.

a) innen 1, 2, 3; außen 2, 3, 6
b) innen 2, 5, 10; außen 10, 20, 50
c) innen 0, 6, 3; außen 0, 0, 18
d) innen 10, 10, 4; außen 100, 40, 40

4. Zerlege in Kernaufgaben. Zeige am Hunderterpunktefeld und rechne.

a) 4 · 6 = 24; 2 · 6 = 12; 2 · 6 = 12

b) 6 · 3 = 18; 5 · 3 = 15; 1 · 3 = 3

c) 4 · 10 = 40; 2 · 10 = 20; 2 · 10 = 20

d) 7 · 5 = 35; 5 · 5 = 25; 2 · 5 = 10

e) 6 · 9 = 54; 5 · 9 = 45; 1 · 9 = 9

f) 3 · 8 = 24; 1 · 8 = 8; 2 · 8 = 16

g) 7 · 4 = 28; 5 · 4 = 20; 2 · 4 = 8

h) 6 · 7 = 42; 5 · 7 = 35; 1 · 7 = 7

4 Hunderterpunktefeld verwenden

Multiplikationsaufgaben mit 7

zu Schülerbuchseite 90

1. Zerlege in Malaufgaben mit 5 und 2. Rechne.

a) 7 · 2 = 14; 5 · 2 = 10; 2 · 2 = 4

b) 7 · 10 = 70; 5 · 10 = 50; 2 · 10 = 20

c) 7 · 5 = 35; 5 · 5 = 25; 2 · 5 = 10

d) 7 · 6 = 42; 5 · 6 = 30; 2 · 6 = 12

e) 4 · 7 = 28; 4 · 5 = 20; 4 · 2 = 8

f) 3 · 7 = 21; 3 · 5 = 15; 3 · 2 = 6

g) 2 · 7 = 14; 2 · 5 = 10; 2 · 2 = 4

h) 1 · 7 = 7; 1 · 5 = 5; 1 · 2 = 2

2. Rechne.

a) 2 · 7 = 14

b) 5 · 7 = 35

c) 6 · 7 = 42

3. Lege, setze fort und rechne.

a)
7 · 1 = 7
7 · 2 = 14
7 · 3 = 21
7 · 4 = 28
7 · 5 = 35
7 · 6 = 42
7 · 7 = 49
7 · 8 = 56
7 · 9 = 63

b)
10 · 7 = 70
9 · 7 = 63
8 · 7 = 56
7 · 7 = 49
6 · 7 = 42
5 · 7 = 35
4 · 7 = 28
3 · 7 = 21
2 · 7 = 14

4. Trage ein.

Zahl	0	1	2	3	4	5	6	7	8	9	10
das Siebenfache	0	7	14	21	28	35	42	49	56	63	70

3 Fünfer- und Zehnerstreifen und Plättchen verwenden

Sachrechnen – Antworten prüfen

zu Schülerbuchseite 91

1. Tim hat gerechnet. Bei welchen Antworten sollte er noch einmal nachrechnen? Kreuze an.

- ○ A: Hanna hat 4 Geschwister.
- ☒ A: Mira hat 15 Muffins gegessen.
- ☒ A: Die Puppe kostet 99 €.
- ○ A: Im Auto sitzen 5 Personen.
- ☒ A: Emmas Bett ist 4 Meter lang.
- ☒ A: Max läuft 10 Sekunden zur Schule.

2. Welches Ergebnis stimmt? Kreuze an und schreibe den Antwortsatz.

a) Luisa spart 2 Wochen lang jede Woche 3 €. Wie viel Geld hat sie gespart?

○ 3 € ☒ 6 € ○ 7 € ○ 100 €

A: *Sie hat 6 € gespart.*

b) Auf dem Bauernhof sind 10 Hühner. Jedes Huhn legt in der Woche 4 Eier. Wie viele Eier sind es zusammen?

○ 10 Eier ○ 20 Eier ☒ 40 Eier ○ 4 Eier

A: *Es sind zusammen 40 Eier.*

c) Pauline liest jeden Tag 4 Seiten in ihrem Lesebuch. Wie viele Seiten hat sie nach 5 Tagen gelesen?

☒ 20 Seiten ○ 5 Seiten ○ 4 Seiten ○ 10 Seiten

A: *Sie hat nach 5 Tagen 20 Seiten gelesen.*

d) Beim Pausenverkauf werden 3 Tage lang jeden Tag 10 Brote verkauft. Wie viele Brote wurden verkauft?

○ 50 Brote ○ 4 Brote ○ 10 Brote ☒ 30 Brote

A: *Es wurden 30 Brote verkauft.*

3. Löse die Sachaufgabe.

a) Mira und Hanna sammeln Äpfel. Jedes Mädchen sammelt 8 Äpfel. Wie viele Äpfel sammeln sie zusammen?

L: 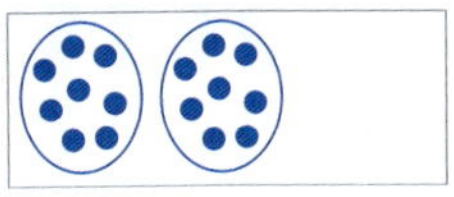

R: 2 · 8 = 16

A: *Sie sammeln zusammen 16 Äpfel.*

b) 5 Kinder sitzen am Tisch. Jedes Kind bekommt 5 Fischstäbchen. Wie viele Fischstäbchen müssen gebraten werden?

L: 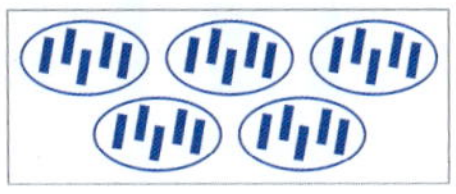

R: 5 · 5 = 25

A: *Es müssen 25 Fischstäbchen gebraten werden.*

Division – Aufteilen

zu Schülerbuchseite 94

1. Kreise ein und rechne.

a) Immer 2 Äpfel in eine Tüte.

8 : 2 = 4

Ich brauche 4 Tüten.

b) Immer 2 Äpfel in eine Tüte.

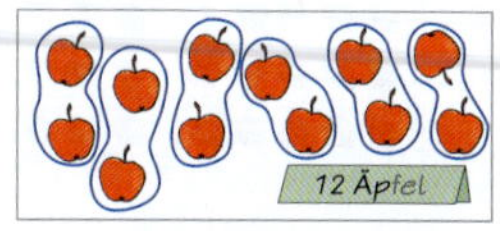

12 : 2 = 6

Ich brauche 6 Tüten.

c) Immer 3 Äpfel in eine Tüte.

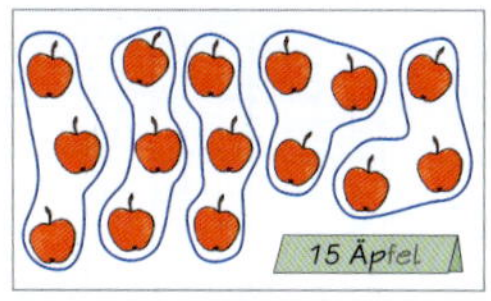

15 : 3 = 5

Ich brauche 5 Tüten.

d) Immer 3 Äpfel in eine Tüte.

18 : 3 = 6

Ich brauche 6 Tüten.

2. Kreise ein und rechne.

a) Immer 2 Äpfel in eine Tüte.

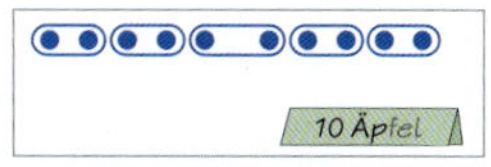

10 : 2 = 5

Ich brauche 5 Tüten.

b) Immer 4 Äpfel in eine Tüte.

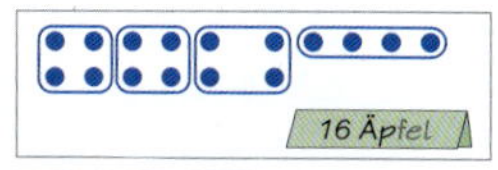

16 : 4 = 4

Ich brauche 4 Tüten.

c) Immer 9 Äpfel in eine Tüte.

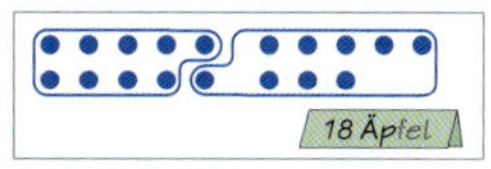

18 : 9 = 2

Ich brauche 2 Tüten.

d) Immer 5 Äpfel in eine Tüte.

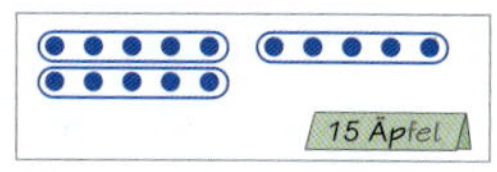

15 : 5 = 3

Ich brauche 3 Tüten.

Division – Verteilen

zu Schülerbuchseite 95

1. Verteile. Male und rechne.

a) 

8 : 2 = 4

Auf jedem Teller sind 4 Erdbeeren.

b) 

4 : 2 = 2

Auf jedem Teller sind 2 Erdbeeren.

c) 

9 : 3 = 3

Auf jedem Teller sind 3 Erdbeeren.

d) 

6 : 3 = 2

Auf jedem Teller sind 2 Erdbeeren.

2. Verteile. Male und rechne.

a) 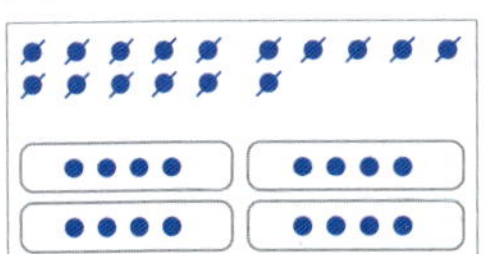

16 : 4 = 4

Jedes Kind bekommt 4 Murmeln.

b) 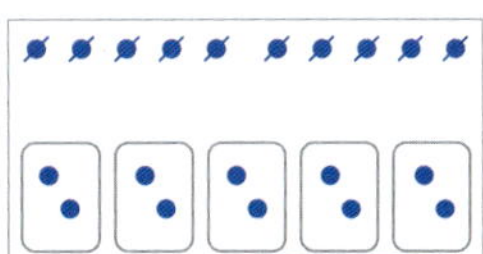

10 : 5 = 2

Jedes Kind bekommt 2 Murmeln.

c) 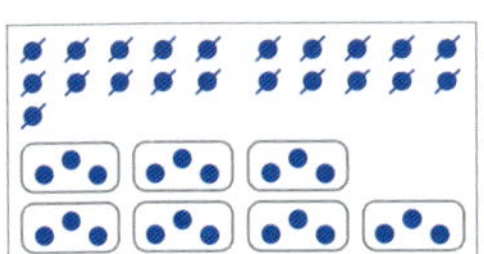

21 : 7 = 3

Jedes Kind bekommt 3 Murmeln.

d) 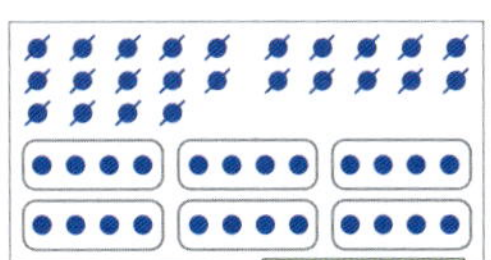

24 : 6 = 4

Jedes Kind bekommt 4 Murmeln.

Teilen durch 1 und 2

zu Schülerbuchseite 96

1. Teile durch 1 und rechne.

a) 

3 : 1 = 3

b) 

10 : 1 = 10

c) 

7 : 1 = 7

d) 

11 : 1 = 11

2. Male und rechne.

a) 

6 : 2 = 3

b) 

4 : 2 = 2

c) 

10 : 2 = 5

d) 

8 : 2 = 4

3. Wie heißt die passende Geteiltaufgabe? Rechne und trage ein.

a) Was ist die Hälfte von 6?

6 : 2 = 3

A: Die Hälfte von 6 ist 3.

b) Was ist die Hälfte von 16?

16 : 2 = 8

A: Die Hälfte von 16 ist 8.

3 Ggf. Zehnerstreifen und Plättchen verwenden

Teilen durch 10

zu Schülerbuchseite 97

1. Zähle immer 10 Steckwürfel und kreise sie ein. Male 10er-Türme und rechne.

a)

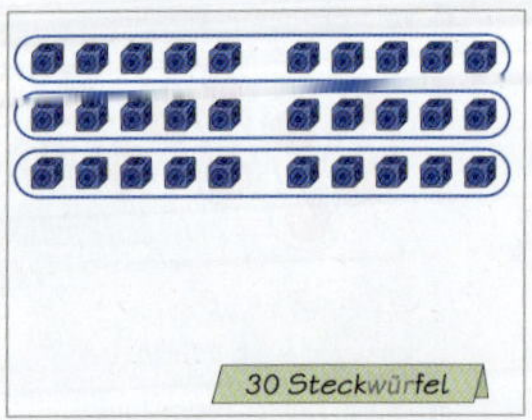

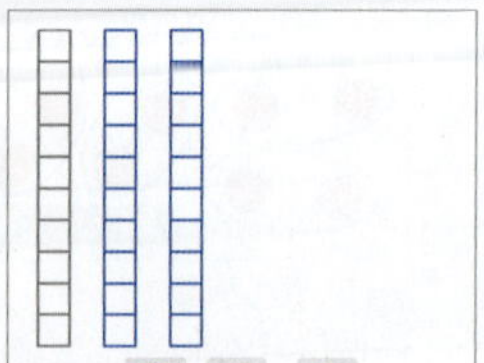

30 : 10 = 3

b)

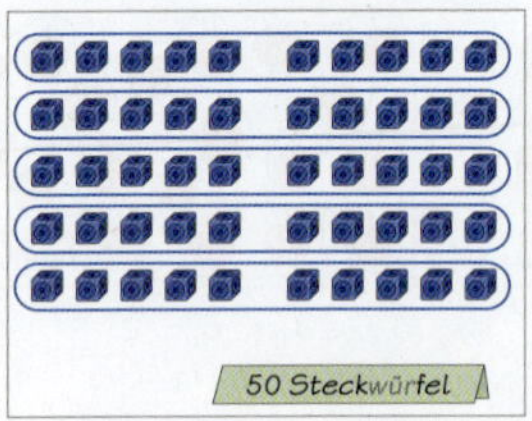

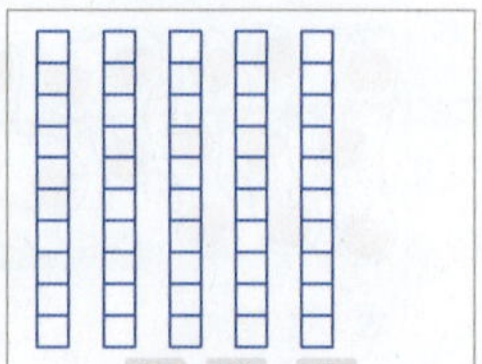

50 : 10 = 5

2. Wie viele Zehnerstreifen brauchst du? Lege und rechne.

a) Immer 10 Dosen.

40 : 10 = 4

b) Immer 10 Perlen.

70 : 10 = 7

c) Immer 10 Bauklötze.

30 : 10 = 3

d) Immer 10 Bonbons.

50 : 10 = 5

2 Zehnerstreifen verwenden

Umkehraufgaben

zu Schülerbuchseiten 98, 99

1. Schreibe die passende Malaufgabe und rechne.

a) 

2 · 4 = 8

b) 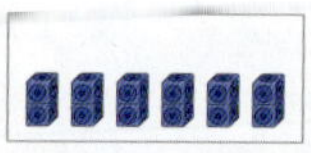

6 · 2 = 12

c) 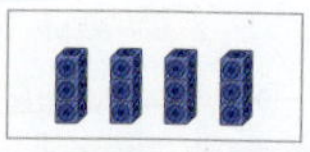

4 · 3 = 12

2. Kreise ein und male Türme. Rechne zuerst die Umkehraufgabe.

a) Wie viele 2er-Türme?

8 : 2 = 4

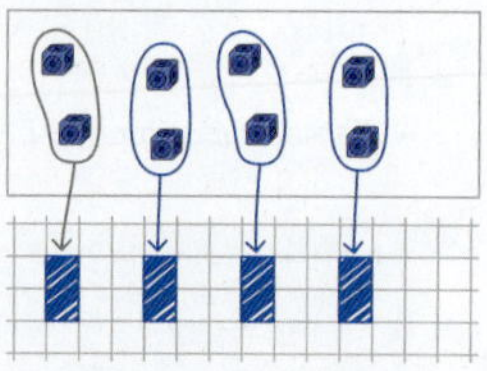

Umkehraufgabe 4 · 2 = 8

b) Wie viele 3er-Türme?

15 : 3 = 5

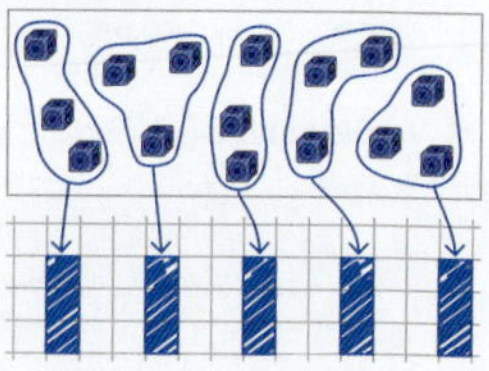

Umkehraufgabe 5 · 3 = 15

c) Wie viele 4er-Türme?

16 : 4 = 4

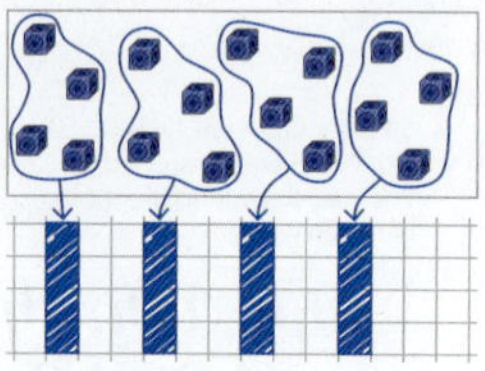

Umkehraufgabe 4 · 4 = 16

d) Wie viele 2er-Türme?

12 : 2 = 6

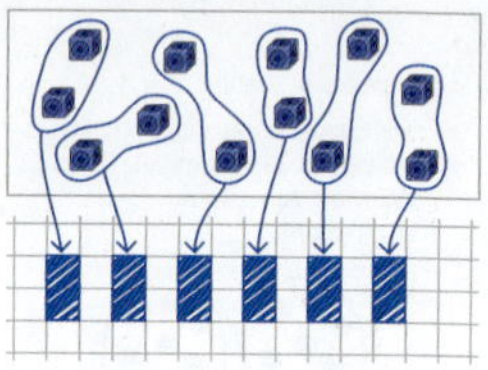

Umkehraufgabe 6 · 2 = 12

3. Rechne die Umkehraufgabe zuerst.

a) 20 : 5 = 4; 4 · 5 = 20

b) 14 : 2 = 7; 7 · 2 = 14

c) 10 : 5 = 2; 2 · 5 = 10

d) 9 : 3 = 3; 3 · 3 = 9

Aufgabenfamilien

zu Schülerbuchseiten 100, 101

1. Schreibe zu jedem Punktefeld die Malaufgabe.

a) 1 · 3 = 3

b)  3 · 3 = 9

c)  1 · 6 = 6

d)  4 · 6 = 24

2. Schreibe zu jeder Malaufgabe die Umkehraufgabe. Rechne die Malaufgabe zuerst.

a) 

2 · 4 = 8
↓ Umkehraufgabe
8 : 4 = 2

b) 

3 · 5 = 15
↓ Umkehraufgabe
15 : 5 = 3

c) 

3 · 2 = 6
↓ Umkehraufgabe
6 : 2 = 3

3. Schreibe zu jedem Punktefeld die passende Aufgabenfamilie.

a) 

12 Punkte

6 2 12

2 · 6 = 12 —Tauschaufgabe→ 6 · 2 = 12
↓ Umkehraufgabe ↓ Umkehraufgabe
12 : 6 = 2 12 : 2 = 6

b) 

28 Punkte

28 7 4

7 · 4 = 28 —Tauschaufgabe→ 4 · 7 = 28
↓ Umkehraufgabe ↓ Umkehraufgabe
28 : 4 = 7 28 : 7 = 4

c) 

15 Punkte

5 15 3

3 · 5 = 15 —Tauschaufgabe→ 5 · 3 = 15
↓ Umkehraufgabe ↓ Umkehraufgabe
15 : 5 = 3 15 : 3 = 5

Fachbegriffe | Zahlenrätsel

zu Schülerbuchseite 102

1. Verbinde.

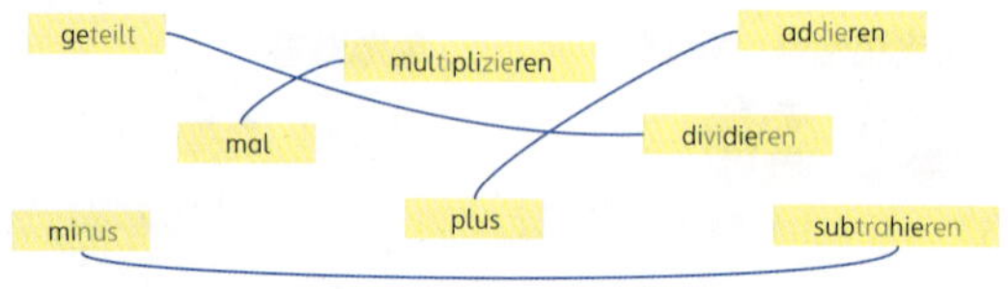

2. Die Umkehraufgabe hilft dir. Rechne und trage ein.

a) 6 —·3→ 18; 18 —:3→ 6

6 · 3 = 18
18 : 3 = 6

b) 18 —+12→ 30; 30 —−12→ 18

18 + 12 = 30
30 − 12 = 18

c) 76 —−31→ 45; 45 —+31→ 76

76 − 31 = 45
45 + 31 = 76

3. Wie heißt die gedachte Zahl? Unterstreiche die wichtigen Stellen im Text.

a) Hanna denkt sich eine Zahl. Sie subtrahiert 14 und erhält 54.

68 —−14→ 54; 54 —+14→ 68

A: Die Zahl heißt 68.

b) Emma denkt sich eine Zahl. Sie dividiert durch 2 und erhält 9.

18 —:2→ 9; 9 —·2→ 18

A: Die Zahl heißt 18.

c) Tim denkt sich eine Zahl. Er addiert 21 und erhält 96.

75 —+21→ 96; 96 —−21→ 75

A: Die Zahl heißt 75.

d) Mira denkt sich eine Zahl. Sie multipliziert mit 5 und erhält 35.

7 —·5→ 35; 35 —:5→ 7

A: Die Zahl heißt 7.

Teilen mit Rest

zu Schülerbuchseite 104

1. Baue mit Steckwürfeln. Male und rechne.

a) Baue aus 8 Steckwürfeln immer 2er-Türme.

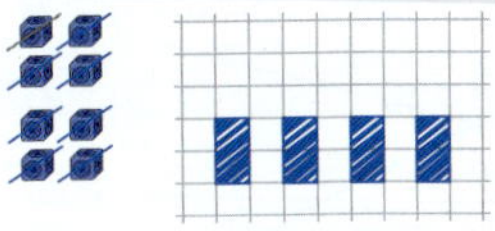

8 : 2 = 4

Baue aus 9 Steckwürfeln immer 2er-Türme.

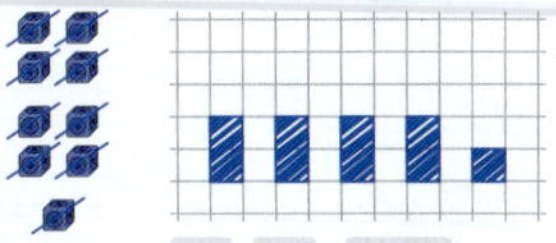

9 : 2 = 4 R 1

b) Baue aus 9 Steckwürfeln immer 3er-Türme.

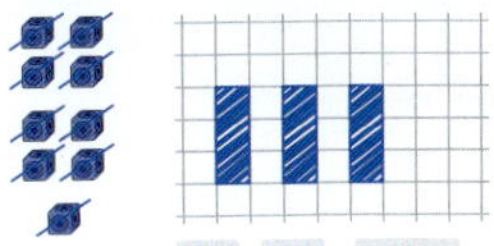

9 : 3 = 3

Baue aus 10 Steckwürfeln immer 3er-Türme.

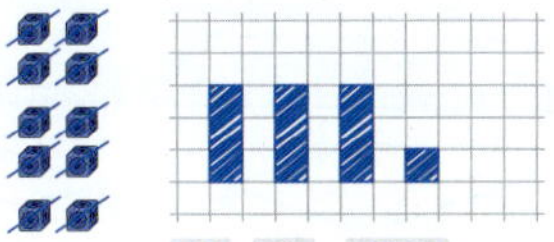

10 : 3 = 3 R 1

c) Baue aus 12 Steckwürfeln immer 4er-Türme.

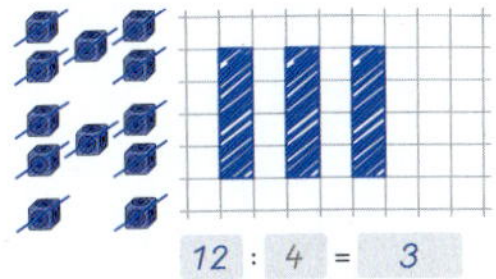

12 : 4 = 3

Baue aus 14 Steckwürfeln immer 4er-Türme.

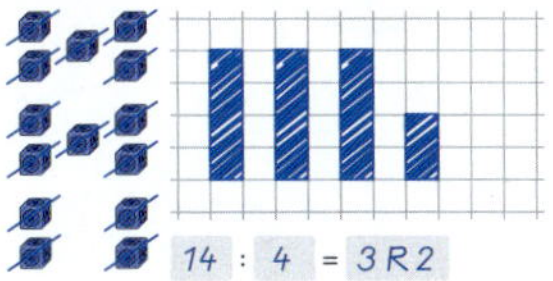

14 : 4 = 3 R 2

2. Wie viele 3er-Türme kannst du bauen? Baue nach. Setze fort, verbinde und rechne.

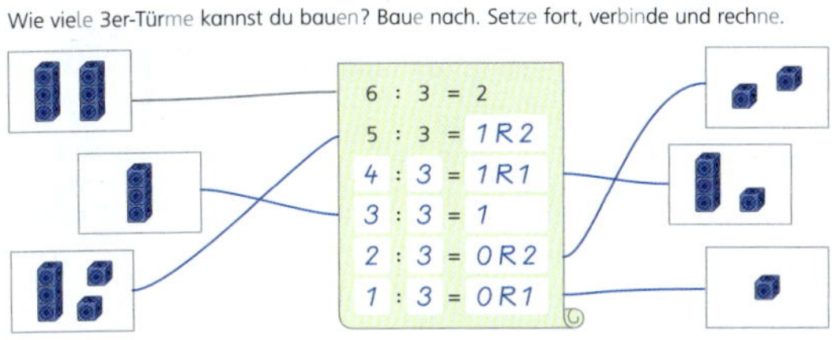

6 : 3 = 2
5 : 3 = 1 R 2
4 : 3 = 1 R 1
3 : 3 = 1
2 : 3 = 0 R 2
1 : 3 = 0 R 1

Teilen mit Rest

zu Schülerbuchseite 105

1. Kreise ein. Rechne und kontrolliere mit der Umkehraufgabe.

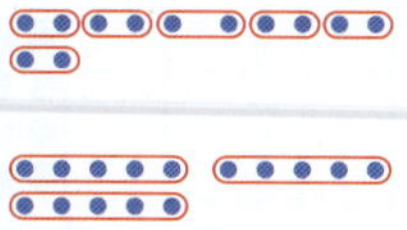

a) 12 : 2 = 6
K: 6 · 2 = 12

b) 15 : 5 = 3
K: 3 · 5 = 15

2. Kreise ein. Rechne und kontrolliere mit der Umkehraufgabe.

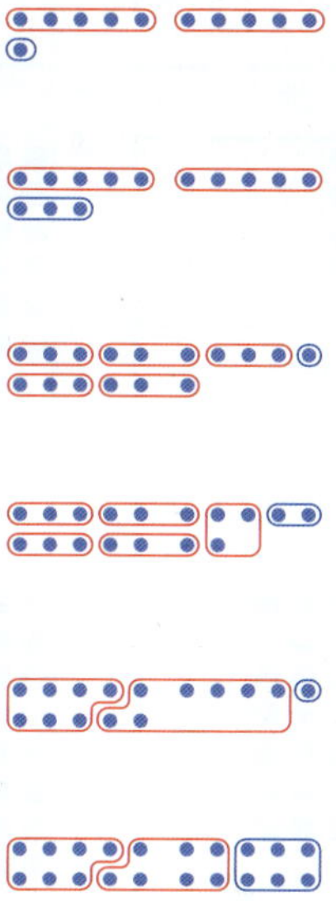

a) 11 : 5 = 2 R 1
K: 2 · 5 = 10
10 + 1 = 11

13 : 5 = 2 R 3
K: 2 · 5 = 10
10 + 3 = 13

b) 16 : 3 = 5 R 1
K: 5 · 3 = 15
15 + 1 = 16

17 : 3 = 5 R 2
K: 5 · 3 = 15
15 + 2 = 17

c) 15 : 7 = 2 R 1
K: 2 · 7 = 14
14 + 1 = 15

20 : 7 = 2 R 6
K: 2 · 7 = 14
14 + 6 = 20

1, 2 Steckwürfel verwenden

Gemischte Übungen

zu Schülerbuchseiten 106, 107

1. Finde alle Lösungen. Probiere aus.

a) ■ · 9 < 18

0 · 9 < 18 ✓ (0)
1 · 9 < 18 ✓ (9)
2 · 9 ≮ 18 ✗ (18)
3 · 9 ≮ 18 ✗ (27)
Lösungen: 0, 1

b) ■ · 2 < 6

0 · 2 < 6 ✓ (0)
1 · 2 < 6 ✓ (2)
2 · 2 < 6 ✓ (4)
3 · 2 ≮ 6 ✗ (6)
Lösungen: 0, 1, 2

c) ■ · 5 < 5

0 · 5 < 5 ✓ (0)
1 · 5 ≮ 5 ✗ (5)
2 · 5 ≮ 5 ✗ (10)
3 · 5 ≮ 5 ✗ (15)
Lösungen: 0

d) ■ · 3 < 9

0 · 3 < 9 ✓ (0)
1 · 3 < 9 ✓ (3)
2 · 3 < 9 ✓ (6)
3 · 3 ≮ 9 ✗ (9)
Lösungen: 0, 1, 2

e) ■ · 7 < 7

0 · 7 < 7 ✓ (0)
1 · 7 ≮ 7 ✗ (7)
2 · 7 ≮ 7 ✗ (14)
3 · 7 ≮ 7 ✗ (21)
Lösungen: 0

f) ■ · 6 < 12

0 · 6 < 12 ✓ (0)
1 · 6 < 12 ✓ (6)
2 · 6 ≮ 12 ✗ (12)
3 · 6 ≮ 12 ✗ (18)
Lösungen: 0, 1

2. Setze fort und rechne.

a)
13 : 3 = 4 R 1
14 : 3 = 4 R 2
15 : 3 = 5
16 : 3 = 5 R 1
17 : 3 = 5 R 2

b)
16 : 2 = 8
15 : 2 = 7 R 1
14 : 2 = 7
13 : 2 = 6 R 1
12 : 2 = 6

c)
10 : 7 = 1 R 3
9 : 7 = 1 R 2
8 : 7 = 1 R 1
7 : 7 = 1
6 : 7 = 0 R 6

Muster und Ornamente

zu Schülerbuchseiten 109, 110

1. Setze das Muster fort.

a) b) c)

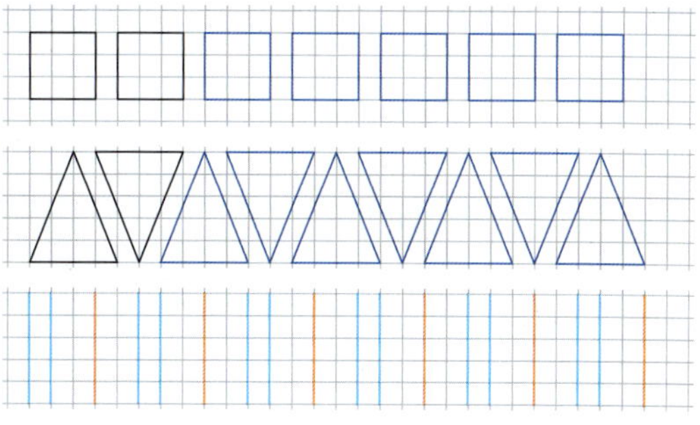

*** 2.** Zeichne ein eigenes Muster.

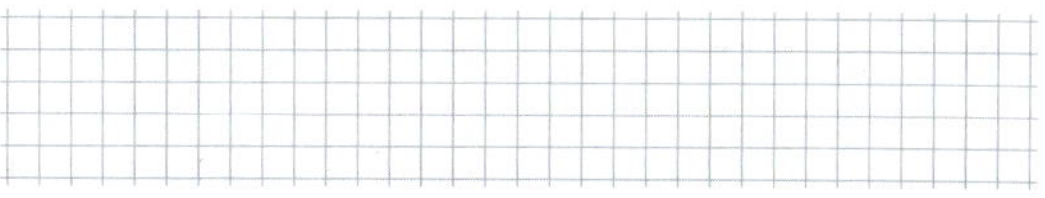

*** 3.** Zeichne verschieden große Kreise. Zähle.

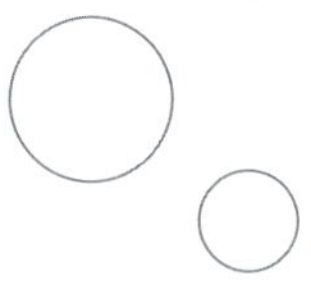

Ich habe ____ Kreise gezeichnet.

3 Freihändig zeichnen oder Zirkel oder andere Hilfsmittel nutzen

* Individuelle Lösung

Quadratzahlen

zu Schülerbuchseite 111

1. Male die Quadrataufgaben an. Rechne.

a)
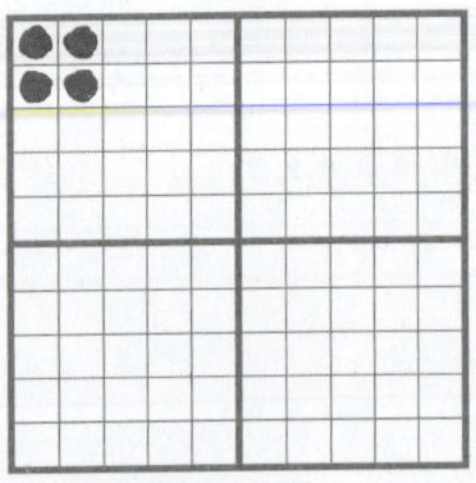
2 · 2 = 4

b)
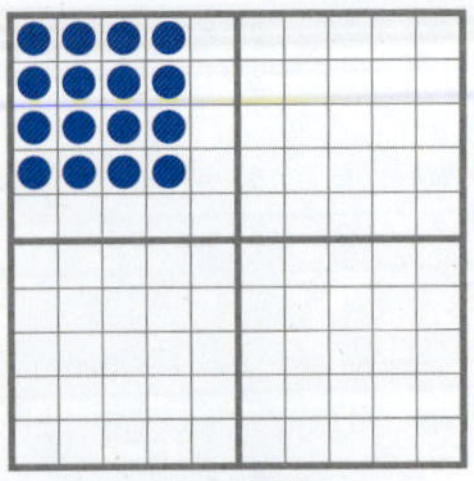
4 · 4 = 16

c)
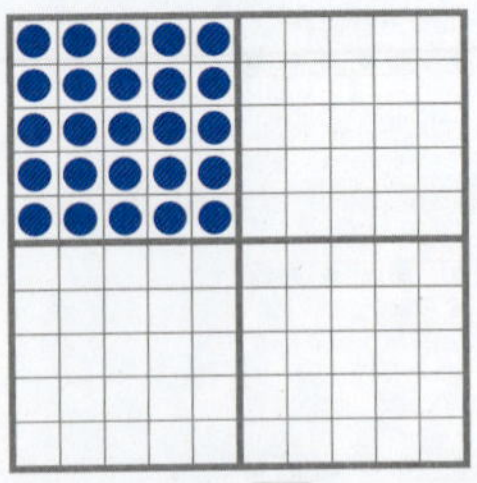
5 · 5 = 25

d)
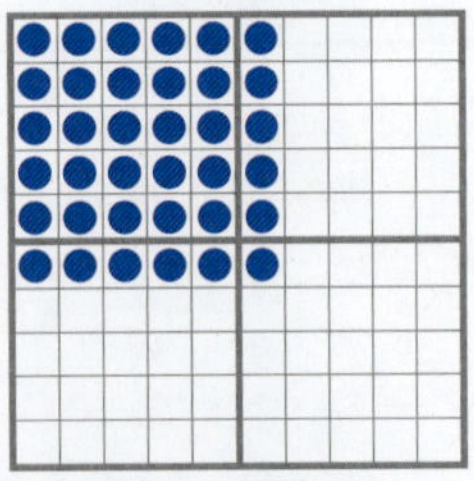
6 · 6 = 36

e)
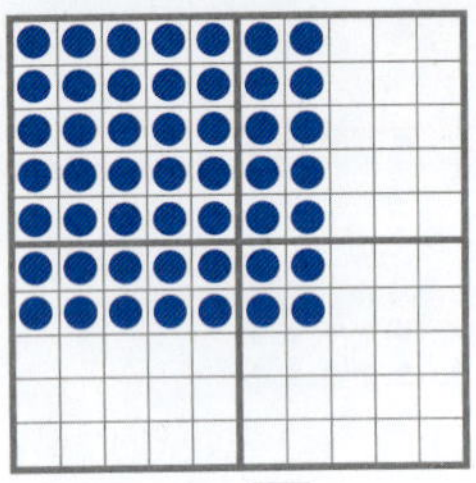
7 · 7 = 49

f)
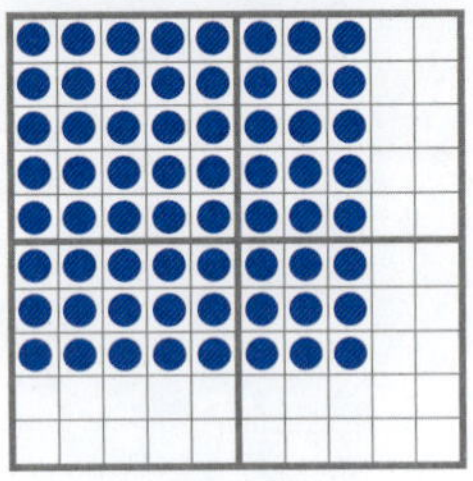
8 · 8 = 64

70

Körper

zu Schülerbuchseite 112

1. Verbinde.

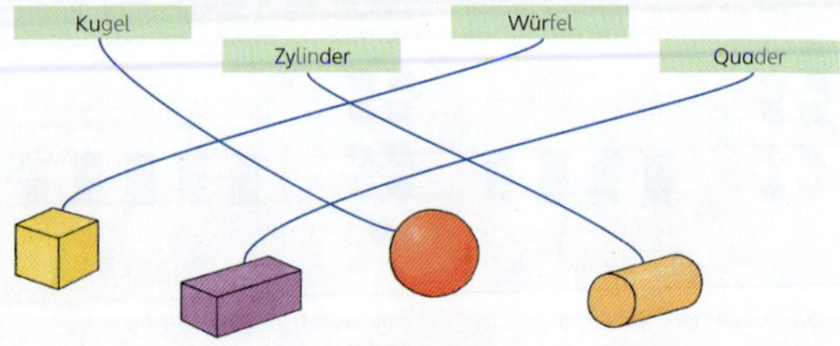

2. Spure nach. Markiere Ecken rot, Kanten blau und Flächen gelb.

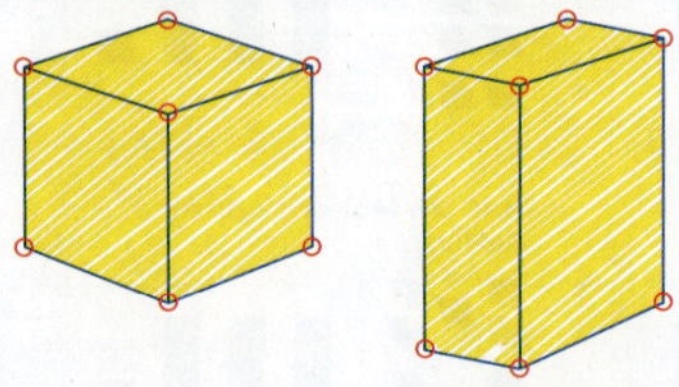

3. Fülle die Tabelle aus.

	Kugel	Würfel	Quader
Ecken	0	8	8
Kanten	0	12	12
Flächen	1	6	6

71

Ansichten

zu Schülerbuchseite 113

1. Baue nach. Wie viele Bausteine hast du gebraucht?

a)
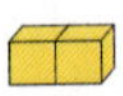
2 Bausteine

b)

3 Bausteine

c)

4 Bausteine

d)

4 Bausteine

e)

4 Bausteine

f)

6 Bausteine

g)

4 Bausteine

h)
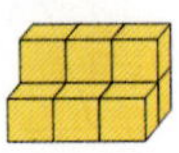
9 Bausteine

2. Welche Ansicht ist dargestellt? Verbinde.

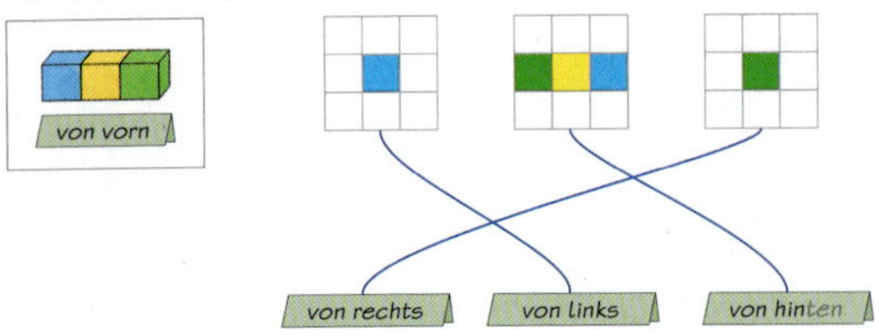

3. Zeichne die Ansicht in das Gitter.

a)
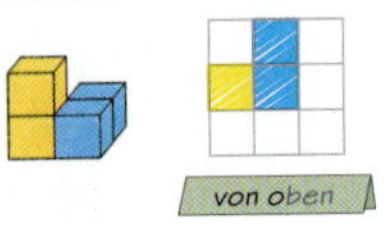

b)
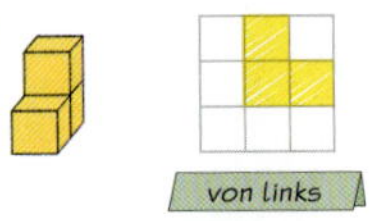

c)

d)
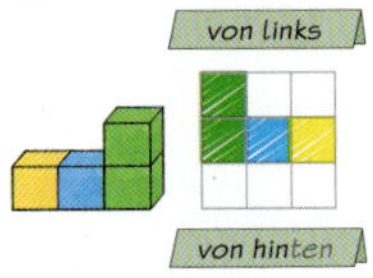

72

Würfelgebäude – Baupläne und Ansichten

zu Schülerbuchseiten 114, 115

1. Zeichne den Bauplan und trage ein.

a)
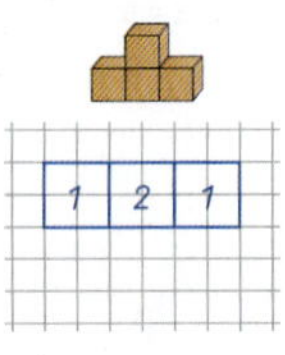

b)
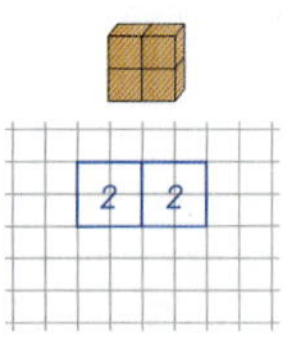

c)
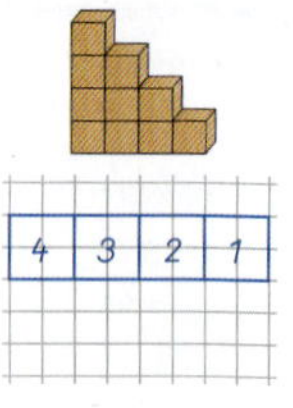

***2.** Baue Gebäude aus 6 Steckwürfeln. Zeichne einen Bauplan und gib den Gebäuden einen passenden Namen.

a)

b)

c)

3: Du kannst nicht alle Würfel sehen. Wie viele Würfel siehst du? Wie viele Würfel sind verdeckt? Trage ein.

a)

4 2

b)

7 1

c)

8 4

d)

9 5

4: Stell dir das Gebäude vor. Wie viele Würfel siehst du? Wie viele sind verdeckt? Trage ein.

a) 1 | 2 | 3 — 6 0

b) 2 | 3 | 2 — 7 0

c) 3 | 3 | 1 — 7 0

d) 2 | 3 | 2 / 1 | 3 | 1 — 8 4

2 Mehrere Lösungen sind möglich; Steckwürfel verwenden
3,4 Auf Ansichten achten

73

* Individuelle Lösung

Sachrechnen – Übungen mit Geld

zu Schülerbuchseiten 116, 117

1. Welche Aussage ist richtig? Kreuze an.

a) Eine Portion Pommes kostet 4 €. ☒ ja ☐ nein
b) Ein Burger kostet 10 €. ☐ ja ☒ nein
c) Ein Menü kostet 20 €. ☐ ja ☒ nein

2. Löse die Sachaufgabe.
Mira und Emma essen jeweils eine Portion Pommes.
F: Wie viel kostet es zusammen?
L: 4 € 4 €
R: 4 € + 4 € = 8 €
A: *Es kostet zusammen 8 €.*

3. Wie viel kostet es?

a) 6 € + 6 € = 12 €
Es kostet 12 €.

b) 11 € + 11 € = 22 €
Es kostet 22 €.

Kommaschreibweise bei Geldbeträgen

zu Schülerbuchseite 118

1. Schreibe in gemischter Schreibweise und mit Komma.

a) 17 € 20 ct — 17,20 €
b) 22 € 30 ct — 22,30 €
c) 27 € 22 ct — 27,22 €

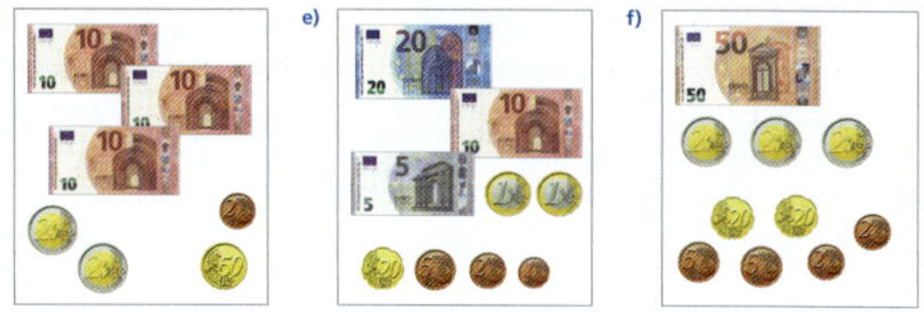

d) 34 € 52 ct — 34,52 €
e) 37 € 28 ct — 37,28 €
f) 56 € 54 ct — 56,54 €

2. Lege die Geldbeträge und schreibe in gemischter Schreibweise und mit Komma.

a)	b)	c)
6 € 28 ct = 6,28 €	16 € 99 ct = 16,99 €	12 € 56 ct = 12,56 €
26 € 37 ct = 26,37 €	76 € 32 ct = 76,32 €	0 € 82 ct = 0,82 €
19 € 64 ct = 19,64 €	8 € 70 ct = 8,70 €	24 € 8 ct = 24,08 €
2 € 59 ct = 2,59 €	38 € 15 ct = 38,15 €	5 € 34 ct = 5,34 €
37 € 21 ct = 37,21 €	2 € 78 ct = 2,78 €	20 € 60 ct = 20,60 €
54 € 73 ct = 54,73 €	10 € 10 ct = 10,10 €	1 ct = 0,01 €

3. Setze ein: >, < oder =

a)	b)	c)
24 € 73 ct = 24 € 73 ct	41,80 € > 4,81 €	25 € 43 ct > 7,28 €
40 € 32 ct < 50 € 46 ct	3,00 € < 30,00 €	9 € 11 ct < 11,09 €
7 € 14 ct > 6 € 84 ct	52,80 € = 52,80 €	36 € 0 ct = 36,00 €
13 € 8 ct < 31 € 8 ct	9,09 € > 0,99 €	0 € 45 ct < 4,50 €

Uhr und Uhrzeiten

zu Schülerbuchseite 119

1. Welche beiden Uhrzeiten gehören zusammen? Verbinde.

9:00 Uhr – 21:00 Uhr
20:00 Uhr – 8:00 Uhr
4:00 Uhr – 16:00 Uhr
7:00 Uhr – 19:00 Uhr
22:00 Uhr – 10:00 Uhr
2:00 Uhr – 14:00 Uhr
3:00 Uhr – 15:00 Uhr

2. Schreibe beide Uhrzeiten.

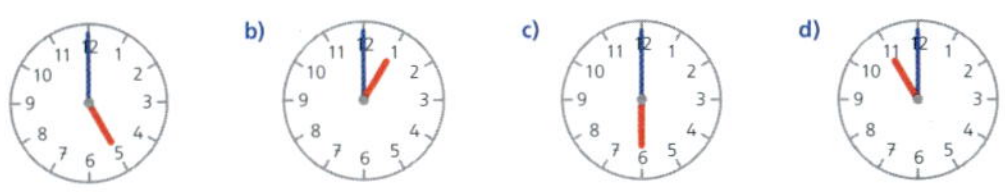

a) 5:00 Uhr / 17:00 Uhr
b) 1:00 Uhr / 13:00 Uhr
c) 6:00 Uhr / 18:00 Uhr
d) 11:00 Uhr / 23:00 Uhr

3. Zeichne die Zeiger ein und schreibe die zweite Uhrzeit.

a) 2:00 Uhr / 14:00 Uhr
b) 7:00 Uhr / 19:00 Uhr
c) 5:00 Uhr / 17:00 Uhr

d) 3:00 Uhr / 15:00 Uhr
e) 10:00 Uhr / 22:00 Uhr
f) 6:00 Uhr / 18:00 Uhr

Uhrzeit – Minuten und Sekunden

zu Schülerbuchseiten 120, 121

1. Trage die Minuten ein. Schreibe beide Uhrzeiten.

2:27 Uhr
14:27 Uhr

2. Schreibe beide Uhrzeiten.

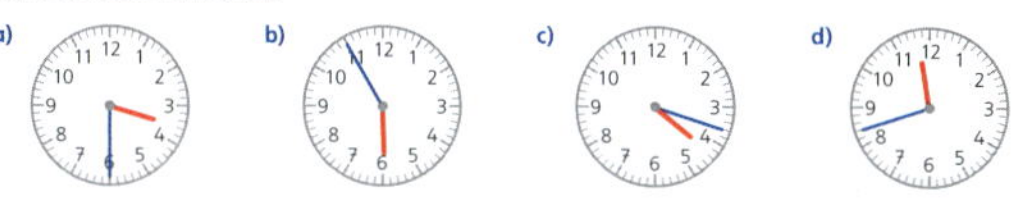

a) 3:30 Uhr / 15:30 Uhr
b) 5:55 Uhr / 17:55 Uhr
c) 4:18 Uhr / 16:18 Uhr
d) 11:42 Uhr / 23:42 Uhr

3. Wie viele Minuten? Schreibe die Minuten. Male in der passenden Farbe an.

30 Minuten — 45 Minuten — 15 Minuten

Viertelstunde
Halbe Stunde
Dreiviertelstunde

***4.** Was dauert etwa 10 Sekunden? Finde ein Beispiel.

* Individuelle Lösung

Tageszeiten | Zeitspannen

zu Schülerbuchseiten 122, 123

1. Schreibe die Tageszeiten in der richtigen Reihenfolge auf.

~~nachmittags~~ ~~vormittags~~ ~~abends~~ ~~mittags~~ ~~morgens~~ ~~nachts~~

morgens, vormittags, mittags, nachmittags, abends, nachts

2. Schreibe die Uhrzeit. Achte auf die Tageszeit.

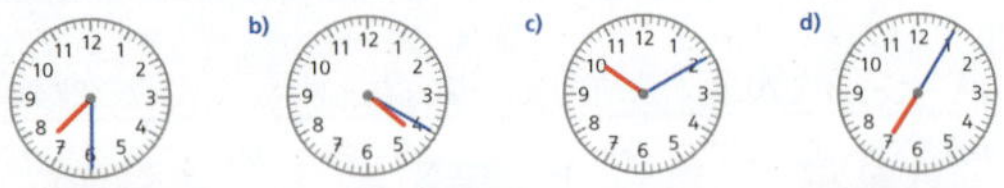

a) abends 19:30 Uhr
b) nachts 4:20 Uhr
c) vormittags 10:10 Uhr
d) morgens 7:05 Uhr

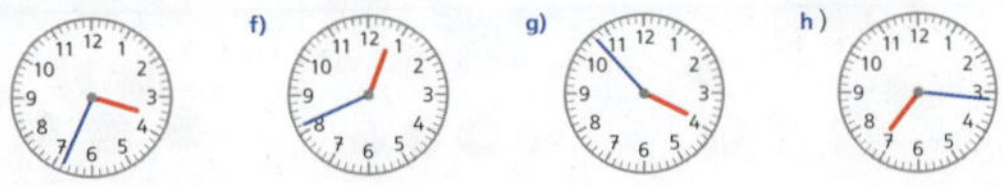

e) nachmittags 15:34 Uhr
f) mittags 12:41 Uhr
g) nachts 3:53 Uhr
h) abends 19:16 Uhr

3. Wie spät ist es dann? Zeichne die Zeiger ein.

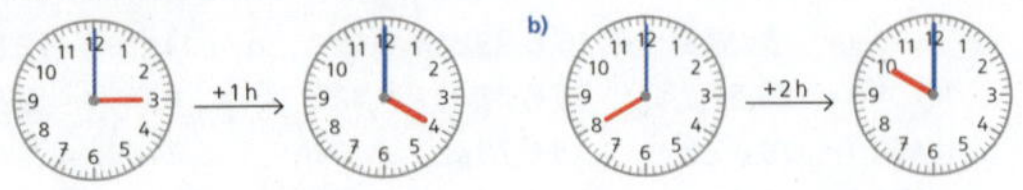

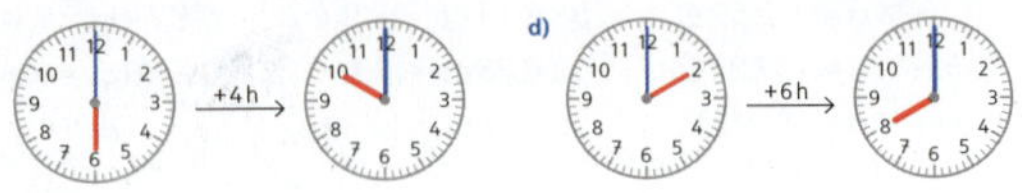

4. Wie spät ist es dann? Rechne.

a) 8:00 Uhr $\xrightarrow{+3\,h}$ 11:00 Uhr
b) 12:00 Uhr $\xrightarrow{+7\,h}$ 19:00 Uhr
c) 1:00 Uhr $\xrightarrow{+5\,h}$ 6:00 Uhr
d) 20:00 Uhr $\xrightarrow{+2\,h}$ 22:00 Uhr

3, 4 Ggf. Lernuhr verwenden

Tageszeiten | Zeitspannen

zu Schülerbuchseiten 122, 123

1. Wie spät ist es dann? Zeichne die Zeiger ein.

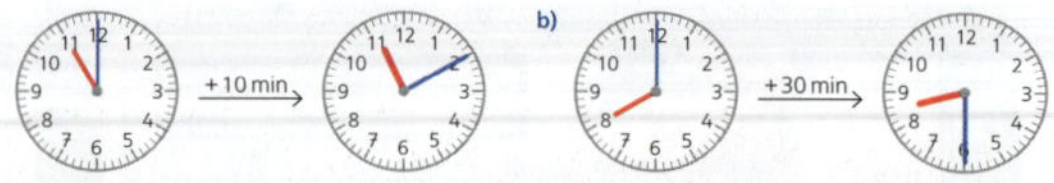

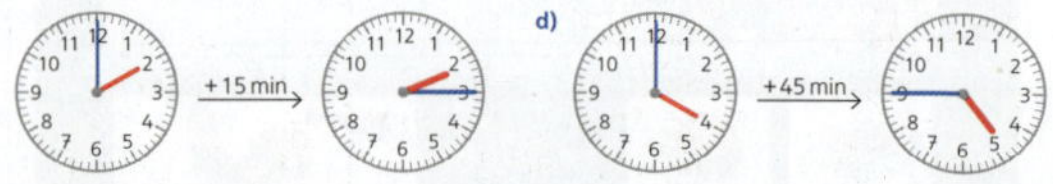

2. Wie spät ist es dann? Rechne.

a) 10:00 Uhr $\xrightarrow{+30\,min}$ 10:30 Uhr
b) 13:00 Uhr $\xrightarrow{+40\,min}$ 13:40 Uhr
c) 21:00 Uhr $\xrightarrow{+25\,min}$ 21:25 Uhr
d) 19:00 Uhr $\xrightarrow{+20\,min}$ 19:20 Uhr

3. Wie viele Stunden sind vergangen?

a)

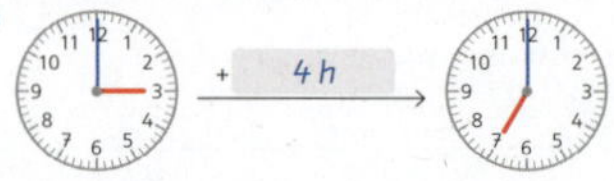

nachts 3:00 Uhr → morgens 7:00 Uhr

b) 16:00 Uhr $\xrightarrow{+\ 1\,h}$ 17:00 Uhr
c) 19:00 Uhr $\xrightarrow{+\ 2\,h}$ 21:00 Uhr

4. Wie viele Minuten sind vergangen?

a)

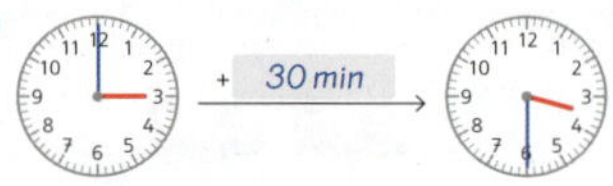

nachmittags 15:00 Uhr → nachmittags 15:30 Uhr

b) 8:00 Uhr $\xrightarrow{+\ 10\,min}$ 8:10 Uhr
c) 20:00 Uhr $\xrightarrow{+\ 45\,min}$ 20:45 Uhr

1–3 Ggf. Lernuhr verwenden

Sachrechnen – Übungen mit Zeit

zu Schülerbuchseiten 124, 125

KINO	TITEL	BEGINN	DAUER
1	Paul und die Piraten	16:00 Uhr	1 h 45 min
2	Doktor Denk	15:00 Uhr // 18:15 Uhr	1 h 15 min
3	Abenteuer auf dem Mars	17:30 Uhr // 20:00 Uhr	1 h 30 min
4	Prinzessin Eleonore	18:00 Uhr	1 h 00 min

1. Beantworte die Frage.

a) F: Wann beginnt der Film „Prinzessin Eleonore"?
A: Der Film beginnt um 18:00 Uhr.

b) F: Wann beginnt der Film „Paul und die Piraten"?
A: Der Film beginnt um 16:00 Uhr.

c) F: Wann beginnt die späte Vorstellung von „Abenteuer auf dem Mars"?
A: Sie beginnt um 20:00 Uhr.

d) F: Wie lange dauert der Film „Doktor Denk"?
A: Der Film dauert 1 Stunde und 15 Minuten.

e) F: Wie lange dauert der Film „Paul und die Piraten"?
A: Der Film dauert 1 Stunde und 45 Minuten.

f) F: Wie lange dauert der Film „Abenteuer auf dem Mars"?
A: Der Film dauert 1 Stunde und 30 Minuten.

2. Wann endet der Film? Zeichne die Zeiger ein. Schreibe die Uhrzeiten und beantworte die Frage.

a)

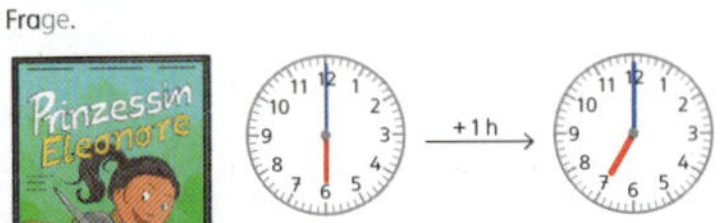

18:00 Uhr → 19:00 Uhr

A: Der Film endet um 19:00 Uhr.

b):

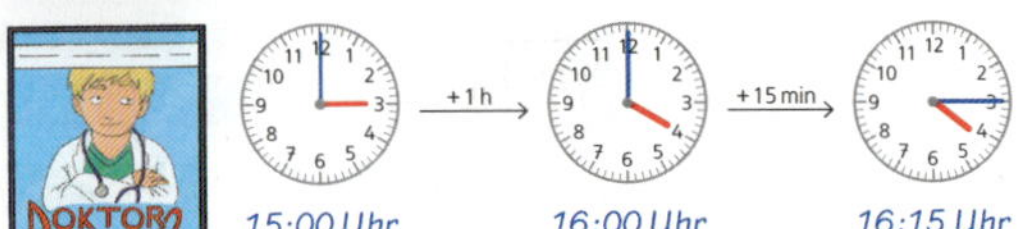

15:00 Uhr → 16:00 Uhr → 16:15 Uhr

A: Der Film endet um 16:15 Uhr.

2, 3 Ggf. Lernuhr verwenden

1. Markiere die Wörter, die in Frage und Antwort gleich sind.

a) F: Wie viel müssen sie bezahlen?
A: Sie müssen 36 € bezahlen.

b) F: Wann kommt der Zug an?
A: Der Zug kommt um 20 Uhr an.

c) F: Wie viele Kinder sind es zusammen?
A: Es sind zusammen 28 Kinder.

d) F: Wie viel Geld bekommt er zurück?
A: Er bekommt 11 € zurück.

e) F: Wann treffen sich Emma und Max?
A: Sie treffen sich um 15 Uhr.

f) F: Wie viele Tische sind es insgesamt?
A: Es sind insgesamt 42 Tische.

2. Welche Antwort passt? Verbinde.

F: Wann endet der Film?	A: Er muss 22 € bezahlen.
F: Wie viele Kugeln sind es insgesamt?	A: Der Film endet um 21 Uhr.
F: Wie viel muss er bezahlen?	A: Es sind zusammen 13 Stifte.
F: Wie viel Geld bekommt Tim zurück?	A: Tim bekommt 8 € zurück.
F: Wann beginnt der Unterricht?	A: Der Unterricht beginnt um 8 Uhr.
F: Wie viele Stifte sind es zusammen?	A: Es sind insgesamt 32 Kugeln.

3. Rechne und schreibe den Antwortsatz.

a) Wie viele Kinder sind es zusammen?

R: 26 + 12 =

A: ______________________

____

b) Wie viele Stühle sind es zusammen?

R: 31 + 14 =

A: ______________________

____

1. Spiele nach und kreuze an.

a) ○ Es ist **sicher**, einen blauen Steckwürfel zu ziehen.
○ Es ist **möglich**, einen blauen Steckwürfel zu ziehen.
○ Es ist **unmöglich**, einen blauen Steckwürfel zu ziehen.

b) ○ Es ist **sicher**, einen roten Steckwürfel zu ziehen.
○ Es ist **möglich**, einen roten Steckwürfel zu ziehen.
○ Es ist **unmöglich**, einen roten Steckwürfel zu ziehen.

2. Wähle 2 passende Steckwürfel und male sie in das Glas.
Streiche schon benutzte Steckwürfel durch.

a)

b)

c)

3. Trage „sicher", „möglich" oder „unmöglich" ein.

a)

Es ist ______________________, einen roten Steckwürfel zu ziehen.
Es ist ______________________, einen blauen Steckwürfel zu ziehen.

b)

Es ist ______________________, einen roten Steckwürfel zu ziehen.
Es ist ______________________, einen blauen Steckwürfel zu ziehen.

c)

Es ist ______________________, einen roten Steckwürfel zu ziehen.
Es ist ______________________, einen blauen Steckwürfel zu ziehen.

1 Steckwürfel verwenden
2 Jeder Steckwürfel darf nur einmal verwendet werden

1. Schreibe die Plusaufgabe. Rechne.

a)

2 +

b)

3 +

2. Rechne weiter.

a)

6 + 6 =

6 + 6 + 6 =

6 + 6 + 6 + 6 =

b)

4 + 4 =

4 + 4 + 4 =

3. Löse die Sachaufgabe.

Tim nimmt 4-mal am Weitsprung teil. Er muss jedes Mal 3 Sprünge machen.
Wie oft wurde seine Weite gemessen?

L:

R:

A:

1. Lege, male und rechne.

a)

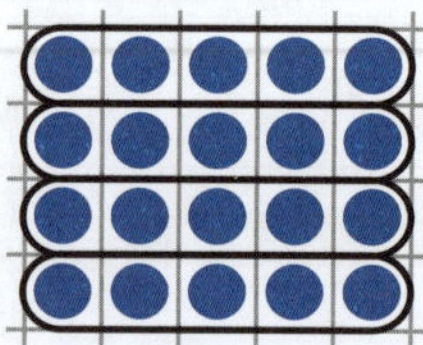

5 + 5 + 5 + 5 =

4 · 5 =

b)

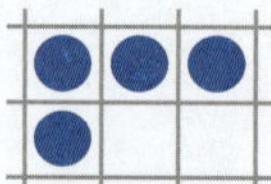

3 +   +   =

· 3 =

2. Lege und schreibe die passende Malaufgabe.

a) 4 + 4 + 4 + 4 + 4   ☐ · ☐

b) 10 + 10   ☐ · ☐

c) 3 + 3 + 3 + 3   ☐ · ☐

d) 2 + 2 + 2 + 2 + 2   ☐ · ☐

e) 6 + 6 + 6   ☐ · ☐

f) 8 + 8 + 8 + 8 + 8   ☐ · ☐

3. Lege. Rechne zu jedem Bild die passende Plus- und Malaufgabe.

a)

10 + 10 =

2 ·   =

b)

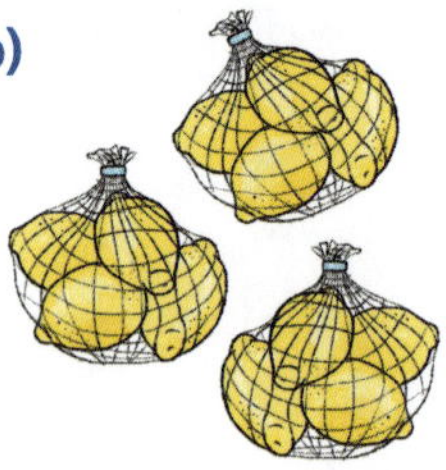

4. Lege. Rechne zu jedem Bild die passende Plus- und Malaufgabe.

a)

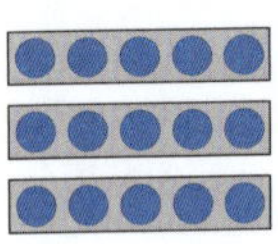

5 + 5 + 5 =

3 · 5 =

b)

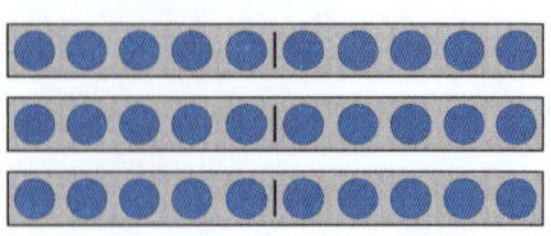

10 + 10 + 10 =

3 · 10 =

1. Rechne die passende Plus- und Malaufgabe.

a)

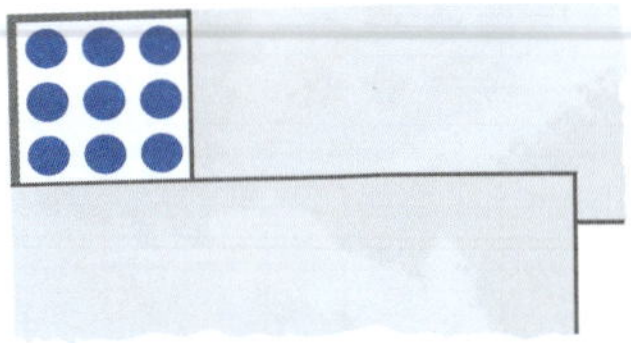

3 + 3 + …

3 · 3 = …

b)

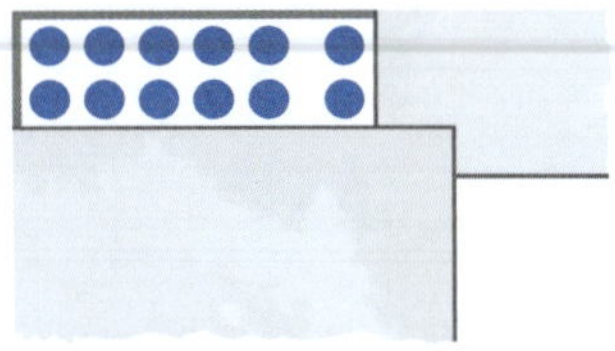

6 + 6 = …

2 · 6 = …

c)

4 + 4 + 4 + 4 = …

4 · … = …

2. Zeige am Hunderterpunktefeld und rechne die passende Malaufgabe.

a)

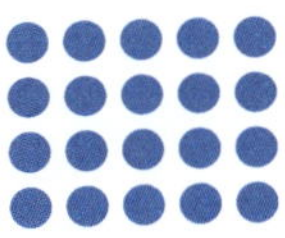

5 + 5 + 5 + 5 = …

4 · … = …

b)

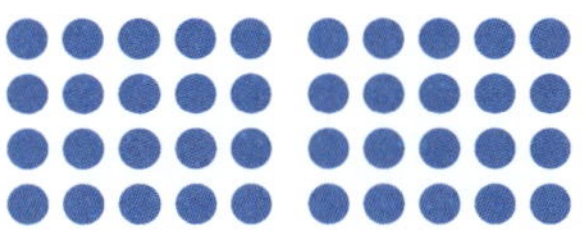

10 + 10 + … + … = …

4 · … = …

c)

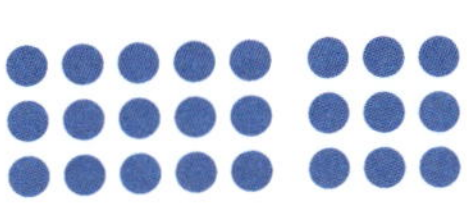

8 + 8 + … = …

3 · … = …

d)

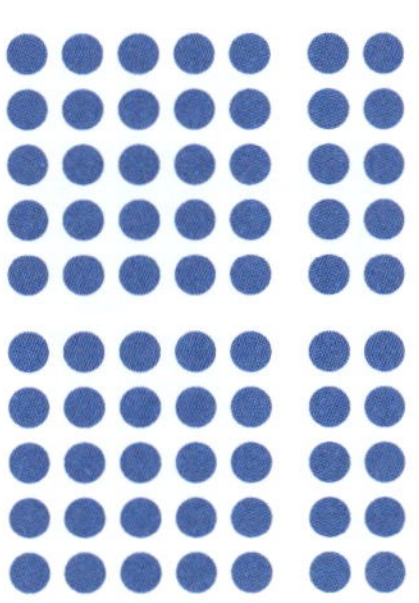

7 + 7 + 7 + … + … + … + … + … + … = …

10 · … = …

3. Schreibe Aufgabe und Tauschaufgabe zum Punktefeld. Rechne die leichte Aufgabe zuerst.

a)

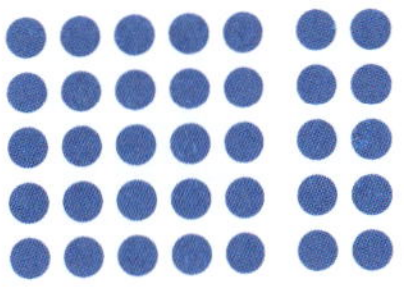

5 · 7 = …

7 · 5 = …

b)

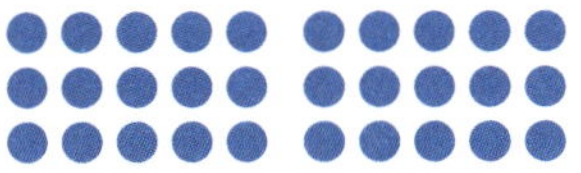

3 · 10 = …

10 · 3 = …

c)

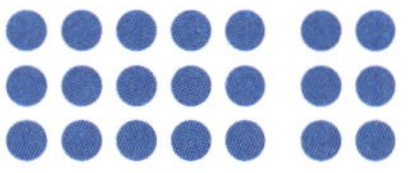

3 · … = …

7 · … = …

d)

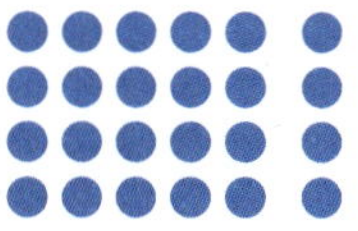

… · … = …

… · … = …

1. Rechne die Plus- und die Malaufgabe.

a)
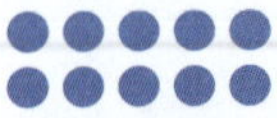

b)

c)

d)

e)

f)
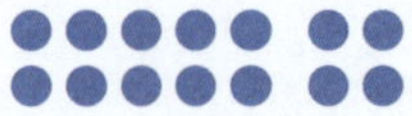

g)
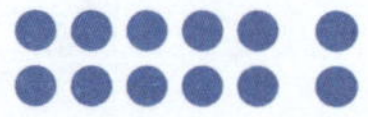

h)
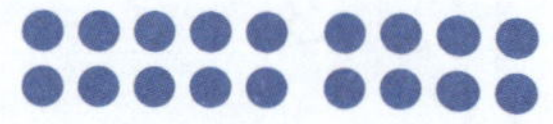

2. Male. Rechne die Plus- und die Malaufgabe.

a)
3 + 3 = ☐
2 · ☐ = ☐

b)
5 + 5 = ☐
☐ · ☐ = ☐

c)
8 + 8 = ☐
☐ · ☐ = ☐

d)
☐ + ☐ = ☐
2 · 6 = ☐

e)
☐ + ☐ = ☐
2 · 4 = ☐

f)
☐ + ☐ = ☐
2 · 7 = ☐

3. Rechne.

a) 2 + 2 = ☐
2 · 2 = ☐

6 + 6 = ☐
2 · 6 = ☐

b) 4 + 4 = ☐
2 · 4 = ☐

5 + 5 = ☐
2 · 5 = ☐

c) 3 + 3 = ☐
2 · 3 = ☐

10 + 10 = ☐
2 · 10 = ☐

d) 7 + 7 = ☐
2 · 7 = ☐

8 + 8 = ☐
2 · 8 = ☐

4. Trage ein.

Zahl	0	1	2	3	4	5	6	7	8	9	10
das Zweifache											

1. Rechne die passende Plus- und Malaufgabe.

a) 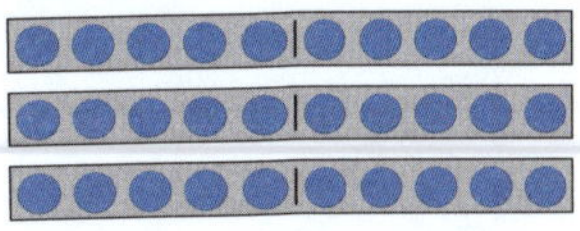

10 + 10 + 10 =

· 10 =

b) 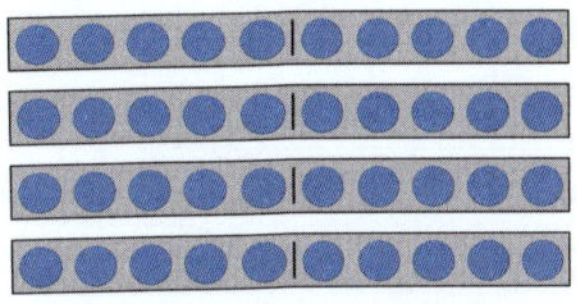

c) 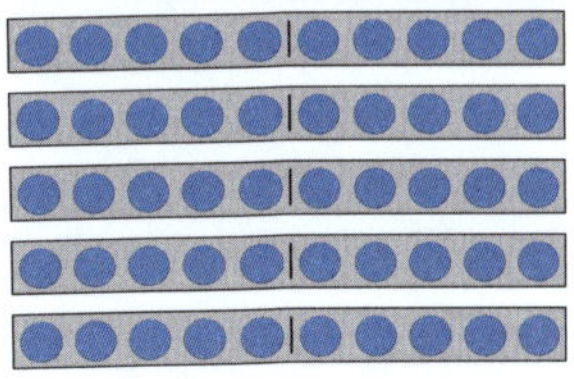

2. Lege, male und rechne.

a) 2 · 10 =

b) 5 · 10 =

c) 3 · 10 =

d) 4 · 10 =

3. Lege, setze fort und rechne.

a)

1 · 10 =
2 · 10 =
3 · =
· =
· =
· =
· =
· =
· =
· =

b)

10 · 1 =
10 · 2 =
10 · =
· =
· =
· =
· =
· =
· =
· =

4. Lege, rechne und vergleiche.

a) 1 · 2 =
10 · =

b) 1 · 5 =
· =

c) 1 · 3 =
· =

d) · 9 =
· =

5. Trage ein.

Zahl	0	1	2	3	4	5	6	7	8	9	10
das Zehnfache											

1. Rechne die Plus- und die Malaufgabe.

a) 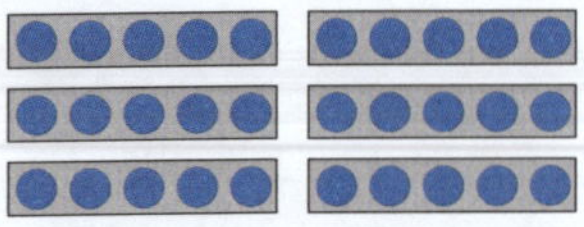

5 + … =

… · 5 =

b) 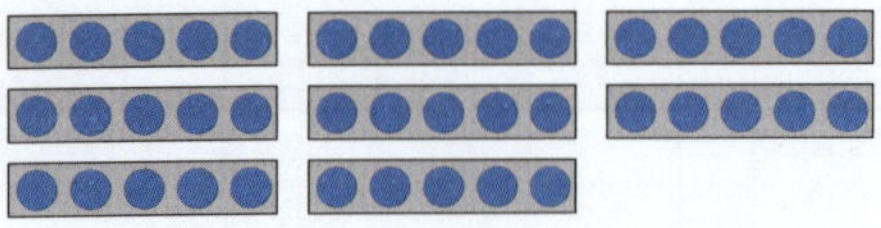

5 + … =

… · 5 =

2. Rechne die passende Plus- und Malaufgabe.

a) 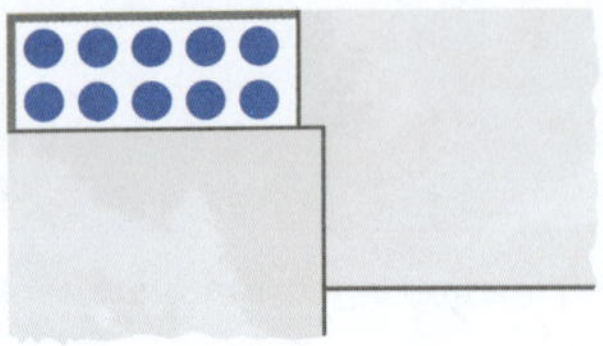

5 + 5 =

2 · … =

b) 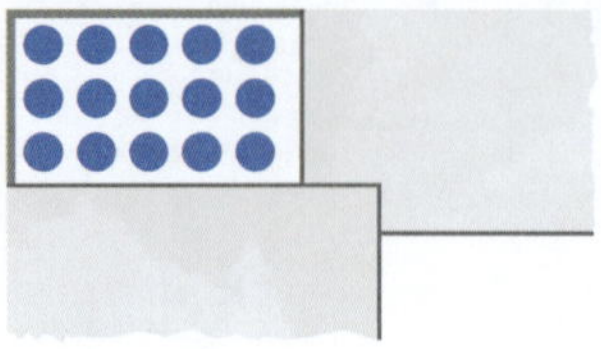

c) 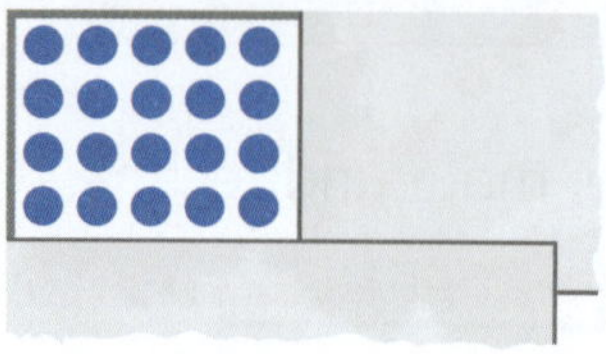

3. Setze fort und rechne.

a)

1 · 5 =
2 · 5 =
3 · … =
… · … =
… · … =
… · … =
… · … =
… · … =
… · … =
… · … =

b)

5 · 1 =
5 · 2 =
5 · … =
… · … =
… · … =
… · … =
… · … =
… · … =
… · … =
… · … =

4. Zeige am Hunderterpunktefeld.
Rechne und vergleiche.

a) 5 · 3 = …
10 · … = …

b) 5 · 4 = …
… · … = …

c) 5 · 5 = …
… · … = …

d) 5 · 10 = …
… · 10 = …

5. Trage ein.

Zahl	0	1	2	3	4	5	6	7	8	9	10
das Fünffache											

1. Trage die Kernaufgaben ein.

·	1	2	3	4	5	6	7	8	9	10
1	1 · 1	1 · 2	1 · 3	1 · 4	1 · 5	1 · 6	1 · 7	1 · 8	1 · 9	1 · 10
2	2 · 1									
3	3 ·									
4										
5										
6										
7										
8										
9										
10										

2: Wo passen die Ergebnisse? Trage ein.

8 10 12 16 18 25 30 40 50

·	1	2	3	4	5	6	7	8	9	10
1	1	2	3	4	5	6	7		9	
2	2	4	6				14			20
3	3	6			15					
4	4				20					
5	5		15	20			35		45	
6	6									60
7	7	14			35					70
8										80
9	9				45					90
10		20				60	70	80	90	100

2 Ein Ergebnis kann in mehrere Felder eingetragen werden

Nachbaraufgaben

1. Zeige am Hunderterpunktefeld und rechne.

a)

1 · 6 = ___	2 · 5 = ___
2 · 6 = ___	2 · 6 = ___

b)

3 · 2 = ___	4 · 1 = ___
4 · 2 = ___	4 · 2 = ___

c)

5 · 4 = ___	5 · 4 = ___
6 · 4 = ___	5 · 5 = ___

d)

3 · 8 = ___	3 · 8 = ___
4 · 8 = ___	3 · 9 = ___

e)

7 · 4 = ___	8 · 3 = ___
8 · 4 = ___	8 · 4 = ___
9 · 4 = ___	8 · 5 = ___

f)

8 · 9 = ___	9 · 8 = ___
9 · 9 = ___	9 · 9 = ___
10 · 9 = ___	9 · 10 = ___

2. Trage die Aufgabe in die Einmaleinstabelle ein. Welche Kernaufgabe hilft dir? Rechne.

·	1	2	3	4	5	6	7	8	9	10
1										
2			2 · 3							
3			3 · 3				3 · 7	3 · 8		
4				4 · 4		4 · 6		4 · 8		
5										
6				6 · 4	6 · 5					
7									7 · 9	
8			8 · 3							
9				9 · 4			9 · 7	9 · 8		
10										

a) 2 · 3 = ___
3 · 3 = ___

b) 6 · 4 = ___
6 · 5 = ___

c) 4 · 4 = ___
___ · ___ = ___

d) ___ · ___ = ___
3 · 7 = ___

e) ___ · ___ = ___
8 · 3 = ___

f) 9 · 4 = ___
___ · ___ = ___

g) 7 · 9 = ___
___ · ___ = ___

h) 9 · 8 = ___
___ · ___ = ___

i) 9 · 7 = ___
___ · ___ = ___

j) 4 · 8 = ___
___ · ___ = ___

k) ___ · ___ = ___
3 · 8 = ___

l) 4 · 6 = ___
___ · ___ = ___

1 Hunderterpunktefeld verwenden
2 Zum Teil sind mehrere Lösungen möglich

1. Rechne die Malaufgaben mit 2 und mit 4.

a)

2 · 2 =

4 · 2 =

b)

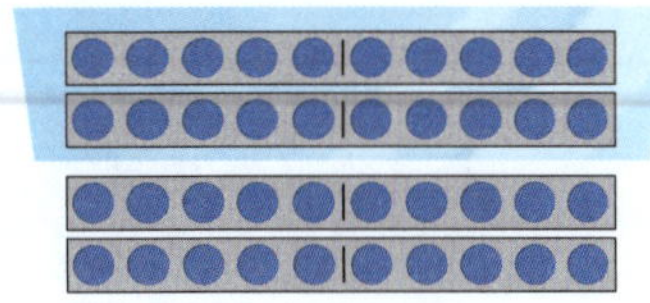

2 · 10 =

4 · 10 =

c)

2 · 1 =

4 · 1 =

2. Lege, male und rechne.

a)

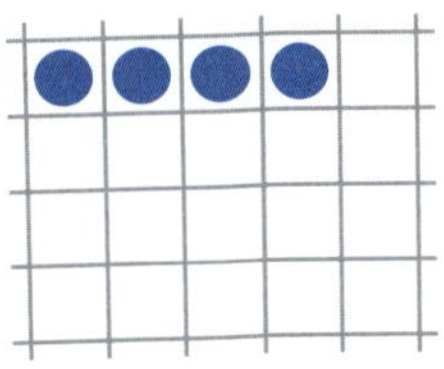

1 · 4 =

b) 2 · 4 =

c) 3 · 4 =

d) 4 · 4 =

3. Lege, setze fort und rechne.

a)

1 · 4 =

2 · 4 =

3 · =

· =

· =

· =

· =

· =

· =

· =

b)

4 · 1 =

4 · 2 =

4 · =

· =

· =

· =

· =

· =

· =

· =

4. Lege, rechne und vergleiche.

a) 2 · 2 =

4 · =

b) 2 · 10 =

4 · =

c) 2 · 9 =

4 · =

d) 2 · 7 =

4 · =

5. Trage ein.

Zahl	0	1	2	3	4	5	6	7	8	9	10
das Vierfache											

2 Plättchen verwenden
3, 4 Fünfer- und Zehnerstreifen und Plättchen verwenden

1. Rechne die Malaufgaben mit 4 und mit 8.

a)

4 · 2 =

8 · 2 =

b)

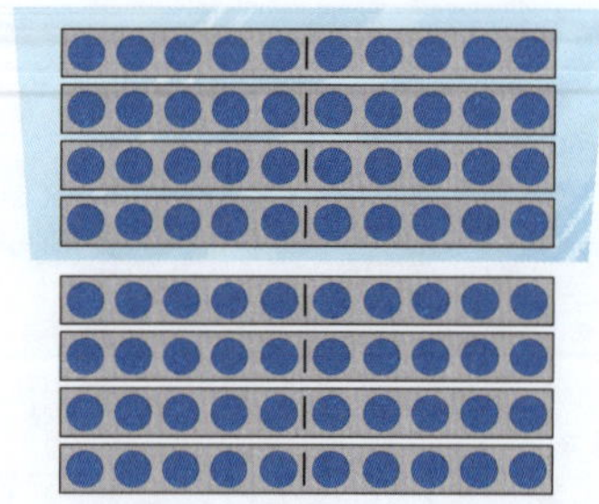

4 · 10 =

8 · 10 =

c)

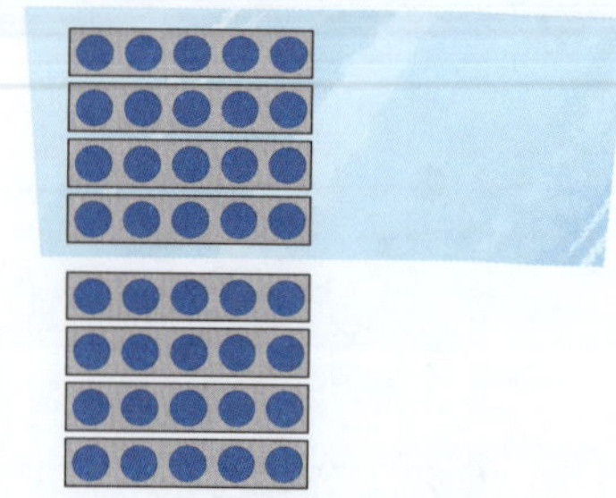

4 · 5 =

8 · 5 =

2. Lege, male und rechne.

a)

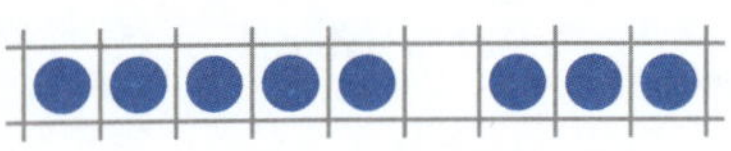

1 · 8 =

b)

2 · 8 =

c)

3 · 8 =

d)

4 · 8 =

3. Lege, setze fort und rechne.

a)

1 · 8 =
2 · 8 =
3 · ___ =
___ · ___ =
___ · ___ =
___ · ___ =
___ · ___ =
___ · ___ =
___ · ___ =
___ · ___ =

b)

8 · 1 =
8 · 2 =
8 · ___ =
___ · ___ =
___ · ___ =
___ · ___ =
___ · ___ =
___ · ___ =
___ · ___ =
___ · ___ =

c)

5 · 8 =
4 · 8 =
___ · ___ =
___ · ___ =
___ · ___ =

d)

8 · 5 =
8 · 4 =
___ · ___ =
___ · ___ =
___ · ___ =

4. Trage ein.

Zahl	0	1	2	3	4	5	6	7	8	9	10
das Achtfache											

2 Plättchen verwenden
3 Fünfer- und Zehnerstreifen und Plättchen verwenden

1. Ergänze das Bild. Rechne Aufgabe und Nachbaraufgabe.

a)
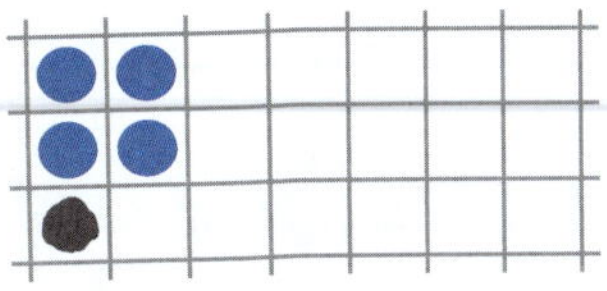

2 · 2 = ___
3 · ___ = ___

b)
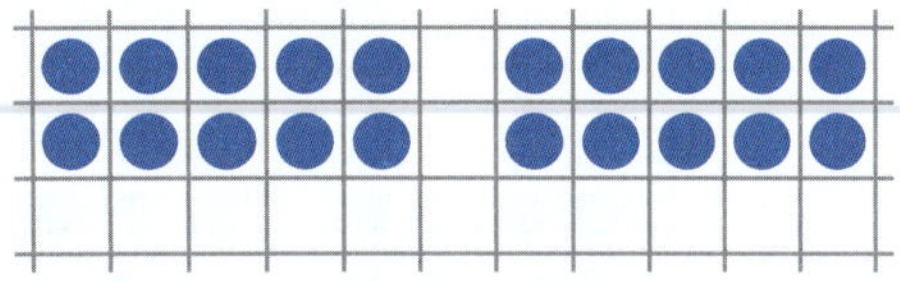

2 · 10 = ___
___ · ___ = ___

c)
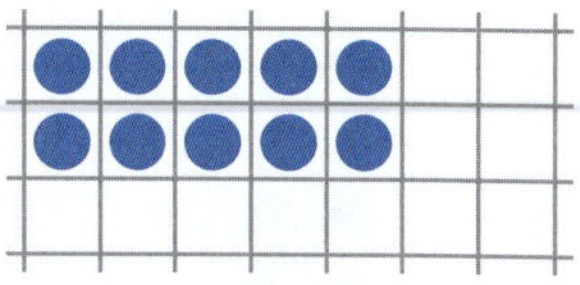

2 · 5 = ___
___ · ___ = ___

d)
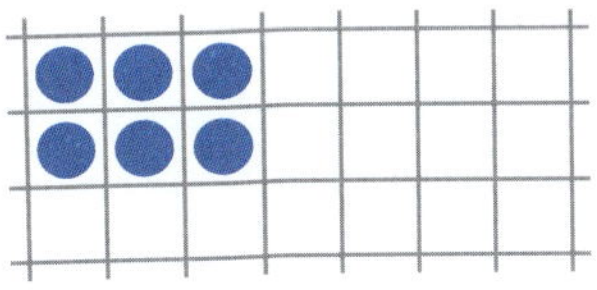

2 · 3 = ___
___ · ___ = ___

e)
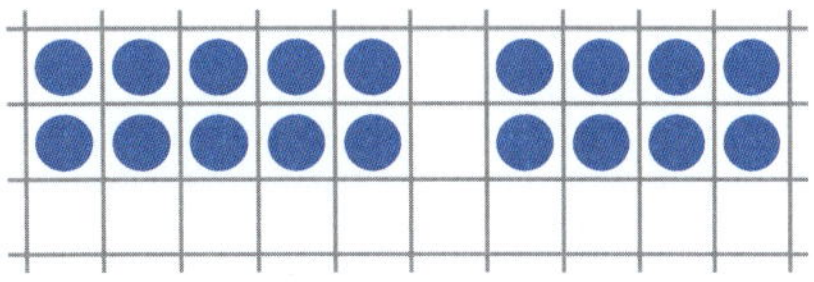

2 · 9 = ___
___ · ___ = ___

f)
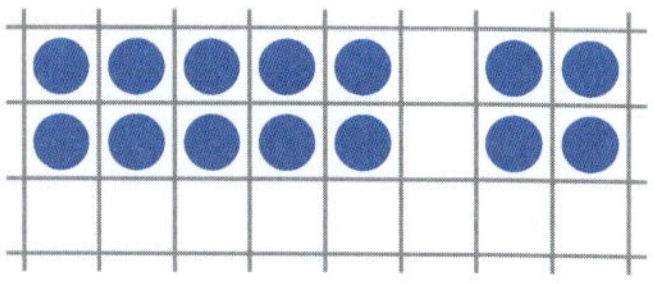

2 · 7 = ___
___ · ___ = ___

2. Rechne.

a)
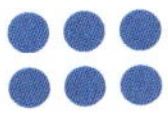

2 · 3 = ___

b)
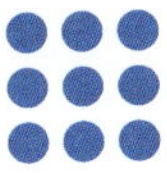

___ · ___ = ___

c)
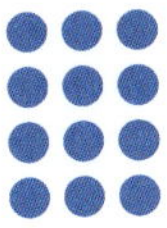

___ · ___ = ___

c)
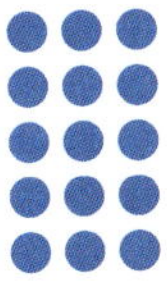

___ · ___ = ___

3. Lege, setze fort und rechne.

a)

3 · 1 = ___
3 · 2 = ___
3 · ___ = ___
___ · ___ = ___
___ · ___ = ___
___ · ___ = ___
___ · ___ = ___
___ · ___ = ___
___ · ___ = ___
___ · ___ = ___

b)

10 · 3 = ___
9 · 3 = ___
8 · ___ = ___
___ · ___ = ___
___ · ___ = ___
___ · ___ = ___
___ · ___ = ___
___ · ___ = ___
___ · ___ = ___
___ · ___ = ___

4. Trage ein.

Zahl	0	1	2	3	4	5	6	7	8	9	10
das Zweifache											
das Dreifache											

1. Ergänze das Bild. Rechne Aufgabe und Nachbaraufgabe.

a)

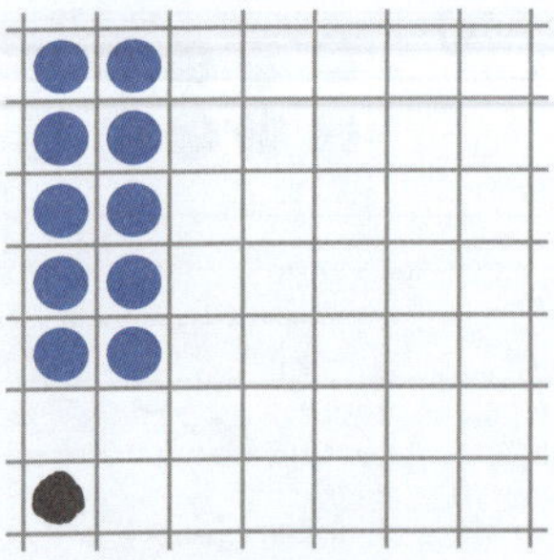

5 · 2 = ___

6 · ___ = ___

b)

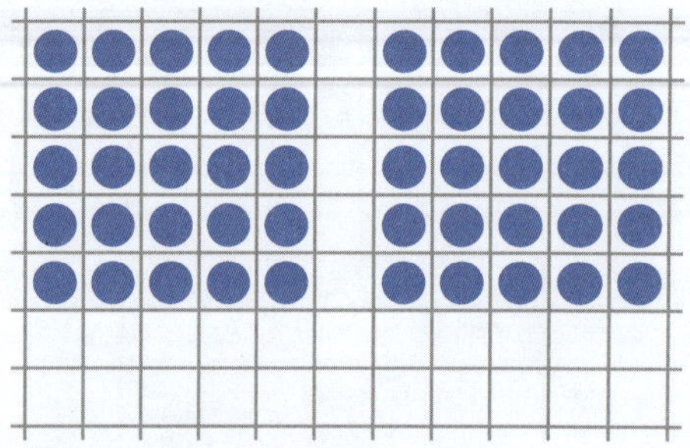

5 · 10 = ___

___ · ___ = ___

c)

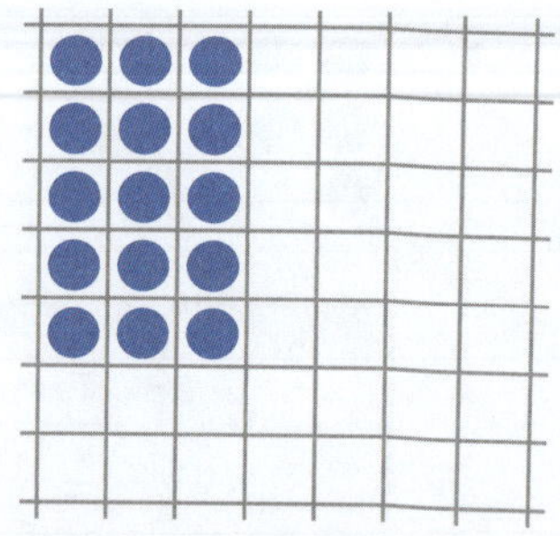

5 · 3 = ___

___ · ___ = ___

2. Zeige am Hunderterpunktefeld. Rechne zuerst die leichte Nachbaraufgabe.

a) 5 · 4 = ___
6 · 4 = ___

b) 5 · 2 = ___
6 · 2 = ___

c) 5 · 8 = ___
6 · 8 = ___

3. Rechne.

a)

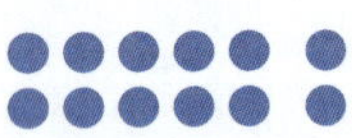

2 · 6 = ___

b)

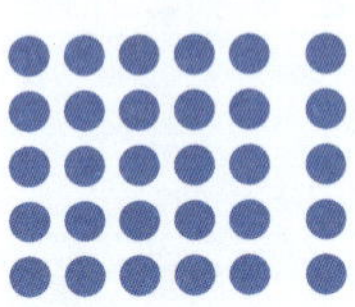

___ · ___ = ___

c)

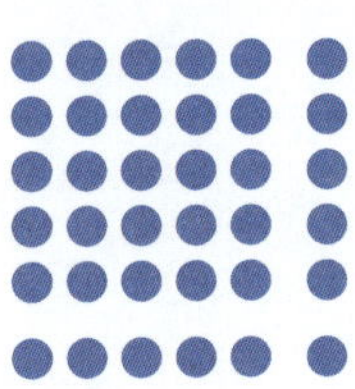

___ · ___ = ___

4. Lege, setze fort und rechne.

a)

6 · 1 = ___
6 · 2 = ___
6 · ___ = ___
___ · ___ = ___
___ · ___ = ___
___ · ___ = ___
___ · ___ = ___
___ · ___ = ___
___ · ___ = ___
___ · ___ = ___

b)

10 · 6 = ___
9 · 6 = ___
8 · ___ = ___
___ · ___ = ___
___ · ___ = ___
___ · ___ = ___
___ · ___ = ___
___ · ___ = ___
___ · ___ = ___
___ · ___ = ___

5. Trage ein.

Zahl	0	1	2	3	4	5	6	7	8	9	10
das Fünffache											
das Sechsfache											

2 Hunderterpunktefeld verwenden
4 Fünfer- und Zehnerstreifen und Plättchen verwenden

1. Streiche durch. Rechne zuerst die Nachbaraufgabe.

a)

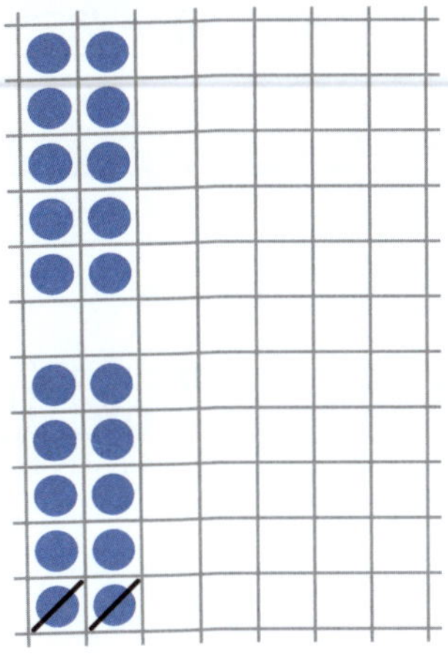

9 · 2 = ___
10 · ___ = ___

b)

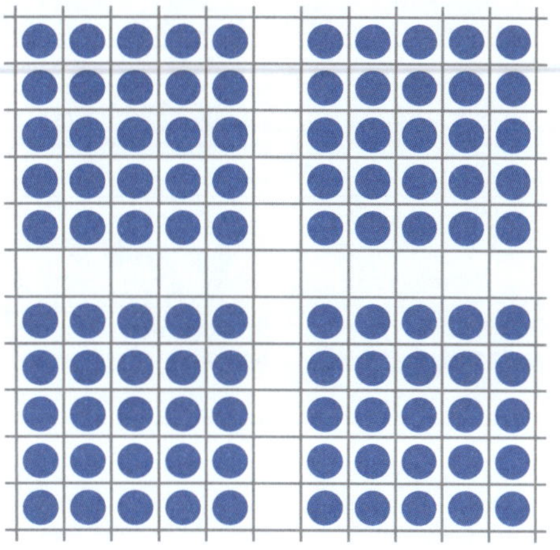

9 · 10 = ___
10 · ___ = ___

c)

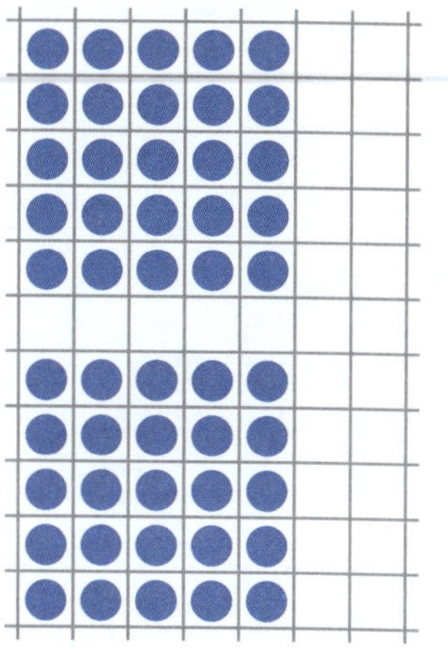

9 · ___ = ___
10 · ___ = ___

2. Rechne.

a)

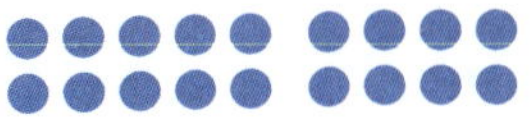

2 · 9 = ___

b)

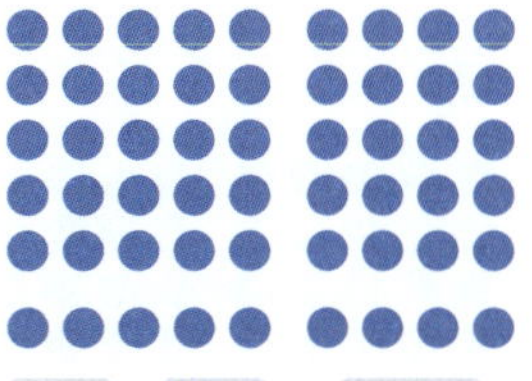

___ · ___ = ___

c)

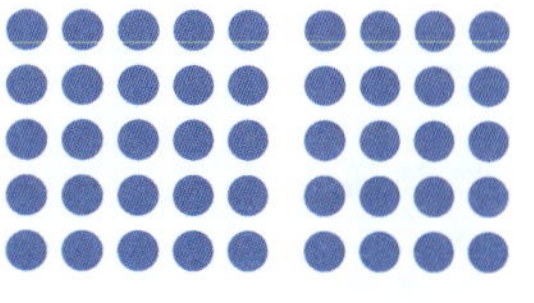

___ · ___ = ___

d)

___ · ___ = ___

3. Male die Nachbaraufgabe an. Rechne.

a)
3 · 9 = ___
3 · 10 = ___

b)
4 · 9 = ___
4 · 10 = ___

c)
6 · 9 = ___
6 · 10 = ___

4. Lege, setze fort und rechne.

a)
9 · 1 = ___
9 · 2 = ___
9 · ___ = ___
___ · ___ = ___
___ · ___ = ___
___ · ___ = ___
___ · ___ = ___
___ · ___ = ___
___ · ___ = ___
___ · ___ = ___

b)
10 · 9 = ___
9 · 9 = ___
8 · ___ = ___
___ · ___ = ___
___ · ___ = ___
___ · ___ = ___
___ · ___ = ___
___ · ___ = ___
___ · ___ = ___
___ · ___ = ___

1. Rechenmauern mit Mal. Rechne.

a) 5 | 2

b) 3 | 2

c) 7 | 10

d) 4 | 5

e) 1 | 8

2. Rechne.

a) oben 20; unten _ | 10

b) oben 70; unten 7 | _

c) oben 16; unten _ | 8

d) oben 90; unten _ | 9

e) oben 100; unten 10 | _

3. Rechendreiecke mit Mal. Rechne.

a) 1, 2, 3 — 2

b) 2, 5, 10

c) 0, 6, 3

d) 10, 10, 4

4. Zerlege in Kernaufgaben. Zeige am Hunderterpunktefeld und rechne.

a)

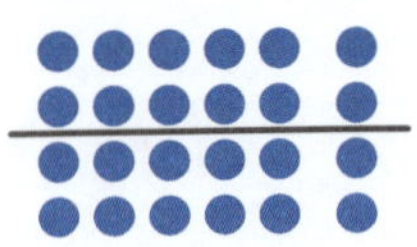

4 · 6 =
2 · 6 = 12
2 · 6 = 12

b)

6 · 3 =
· 3 =
· 3 =

c)

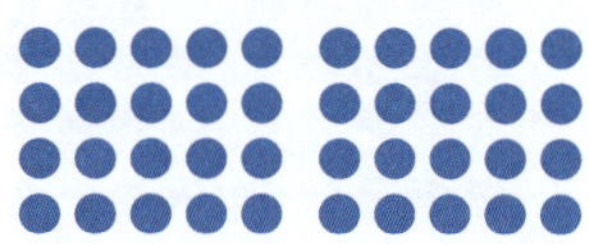

4 · 10 =
· 10 =
· 10 =

d)

7 · 5 =
·
·

e)

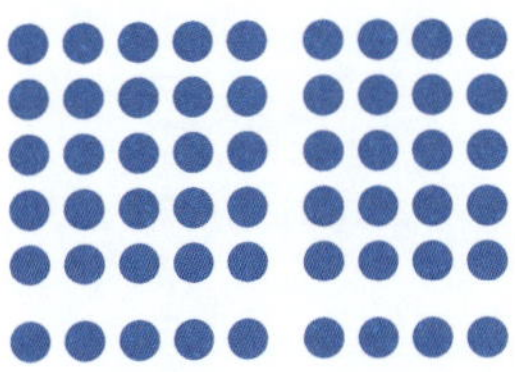

6 · 9 =
5 · =
1 · =

f)

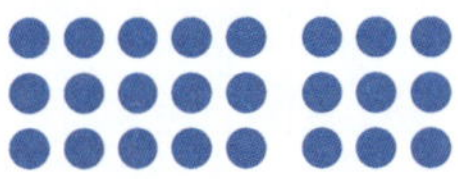

3 · 8 =
· 8 =
· 8 =

g)

7 · 4 =
· 4 =
· 4 =

h)

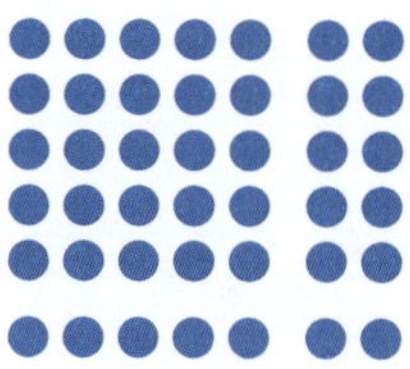

6 · 7 =
·
·

1. Zerlege in Malaufgaben mit 5 und 2. Rechne.

a)

7 · 2 =
5 · 2 =
2 · 2 =

b)
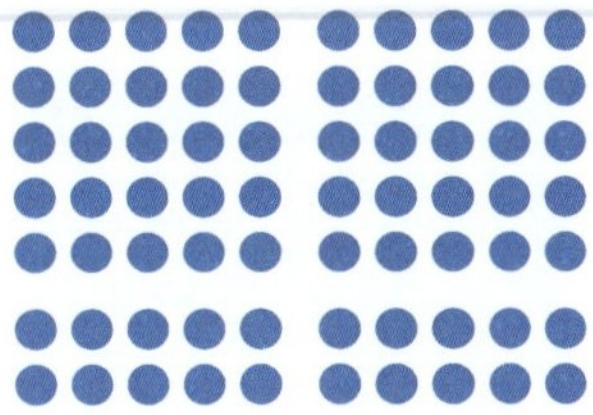

7 · 10 =
5 · =
2 · =

c)
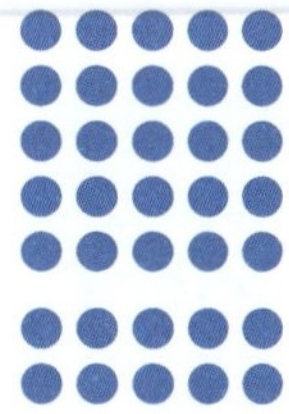

7 · 5 =
5 · =
2 · =

d)
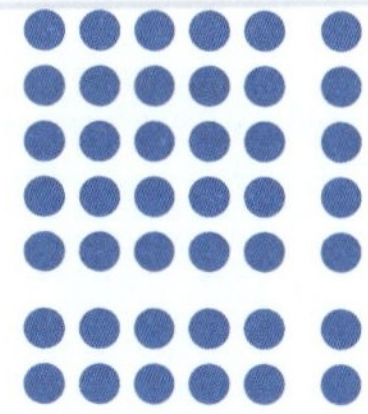

7 · 6 =
5 · =
2 · =

e)
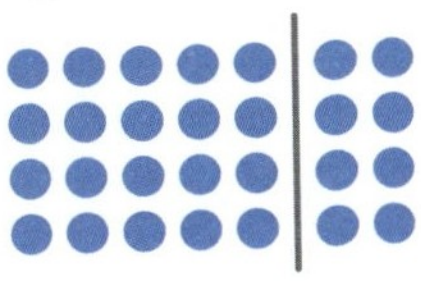

4 · 7 =
4 · 5 =
4 · 2 =

f)
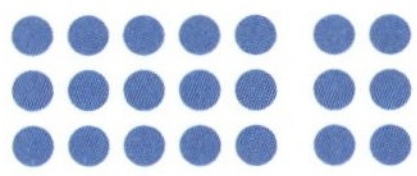

3 · 7 =
3 · 5 =
3 · 2 =

g)
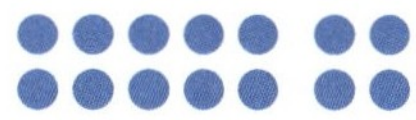

2 · 7 =
2 · 5 =
2 · 2 =

h)

1 · 7 =
1 · 5 =
1 · 2 =

2. Rechne.

a)
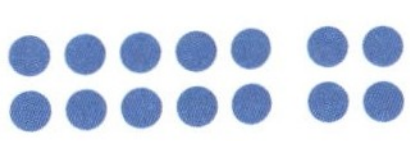

2 · 7 =

b)
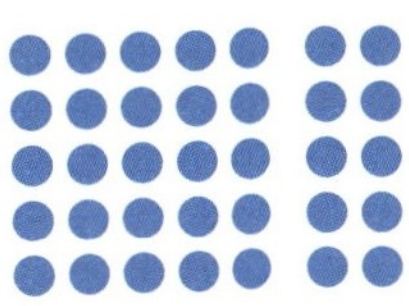

· =

c)
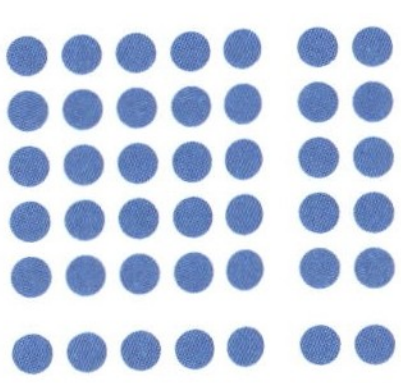

· =

3. Lege, setze fort und rechne.

a)
7 · 1 =
7 · 2 =
7 · =
· =
· =
· =
· =
· =
· =

b)
10 · 7 =
9 · 7 =
8 · =
· =
· =
· =
· =
· =
· =

4: Trage ein.

Zahl	0	1	2	3	4	5	6	7	8	9	10
das Siebenfache											

1. Tim hat gerechnet. Bei welchen Antworten sollte er noch einmal nachrechnen? Kreuze an.

- A: Hanna hat 4 Geschwister.
- A: Mira hat 15 Muffins gegessen.
- A: Die Puppe kostet 99 €.
- A: Im Auto sitzen 5 Personen.
- A: Emmas Bett ist 4 Meter lang.
- A: Max läuft 10 Sekunden zur Schule.

2. Welches Ergebnis stimmt? Kreuze an und schreibe den Antwortsatz.

a) Luisa spart 2 Wochen lang jede Woche 3 €. Wie viel Geld hat sie gespart?

- 3 €
- 6 €
- 7 €
- 100 €

A: ______________________

____

b) Auf dem Bauernhof sind 10 Hühner. Jedes Huhn legt in der Woche 4 Eier. Wie viele Eier sind es zusammen?

- 10 Eier
- 20 Eier
- 40 Eier
- 4 Eier

A: ______________________

____

c) Pauline liest jeden Tag 4 Seiten in ihrem Lesebuch. Wie viele Seiten hat sie nach 5 Tagen gelesen?

- 20 Seiten
- 5 Seiten
- 4 Seiten
- 10 Seiten

A: ______________________

____

d) Beim Pausenverkauf werden 3 Tage lang jeden Tag 10 Brote verkauft. Wie viele Brote wurden verkauft?

- 50 Brote
- 4 Brote
- 10 Brote
- 30 Brote

A: ______________________

____

3. Löse die Sachaufgabe.

a) Mira und Hanna sammeln Äpfel. Jedes Mädchen sammelt 8 Äpfel. Wie viele Äpfel sammeln sie zusammen?

L:

R:

A: ______________________

____

b) 5 Kinder sitzen am Tisch. Jedes Kind bekommt 5 Fischstäbchen. Wie viele Fischstäbchen müssen gebraten werden?

L:

R:

A: ______________________

____

1. Kreise ein und rechne.

a) Immer 2 Äpfel in eine Tüte.

___ : 2 = ___

Ich brauche ___ Tüten.

b) Immer 2 Äpfel in eine Tüte.

___ : ___ = ___

Ich brauche ___ Tüten.

c) Immer 3 Äpfel in eine Tüte.

___ : 3 = ___

Ich brauche ___ Tüten.

d) Immer 3 Äpfel in eine Tüte.

___ : ___ = ___

Ich brauche ___ Tüten.

2. Kreise ein und rechne.

a) Immer 2 Äpfel in eine Tüte.

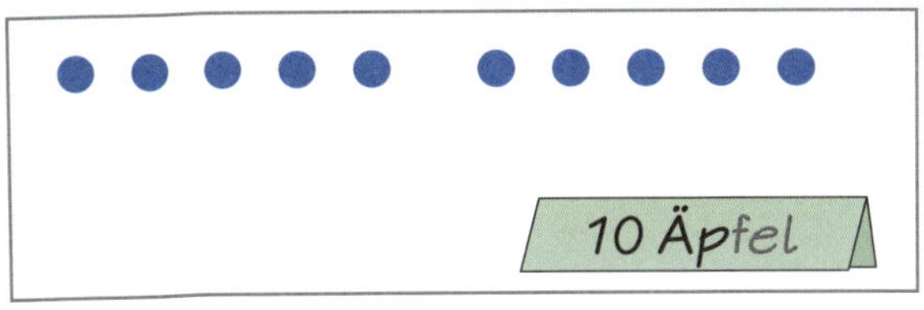

___ : ___ = ___

Ich brauche ___ Tüten.

b) Immer 4 Äpfel in eine Tüte.

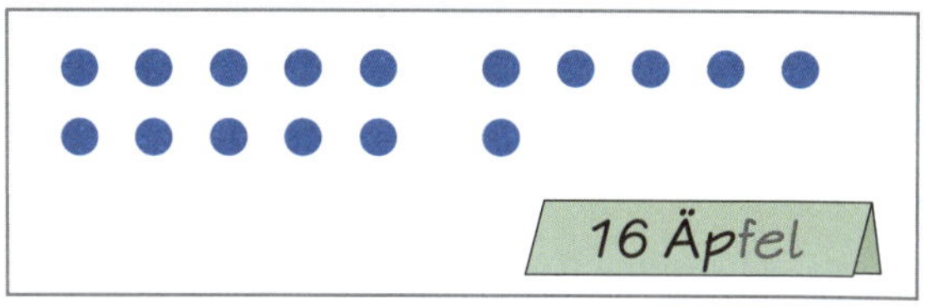

___ : ___ = ___

Ich brauche ___ Tüten.

c) Immer 9 Äpfel in eine Tüte.

___ : ___ = ___

Ich brauche ___ Tüten.

d) Immer 5 Äpfel in eine Tüte.

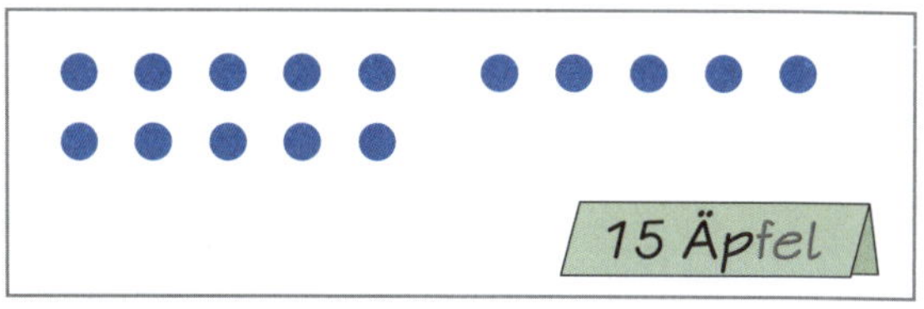

___ : ___ = ___

Ich brauche ___ Tüten.

1. Verteile. Male und rechne.

a)

___ : 2 = ___

Auf jedem Teller sind ___ Erdbeeren.

b)

___ : ___ = ___

Auf jedem Teller sind ___ Erdbeeren.

c)

___ : 3 = ___

Auf jedem Teller sind ___ Erdbeeren.

d)

___ : ___ = ___

Auf jedem Teller sind ___ Erdbeeren.

2. Verteile. Male und rechne.

a)

___ : 4 = ___

Jedes Kind bekommt ___ Murmeln.

b)

___ : 5 = ___

Jedes Kind bekommt ___ Murmeln.

c)

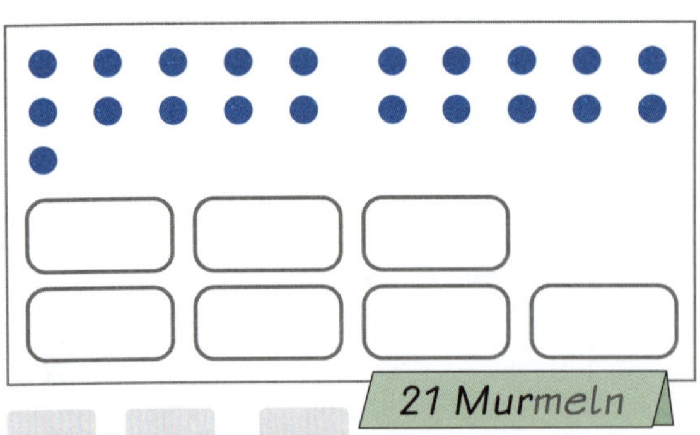

___ : ___ = ___

Jedes Kind bekommt ___ Murmeln.

d)

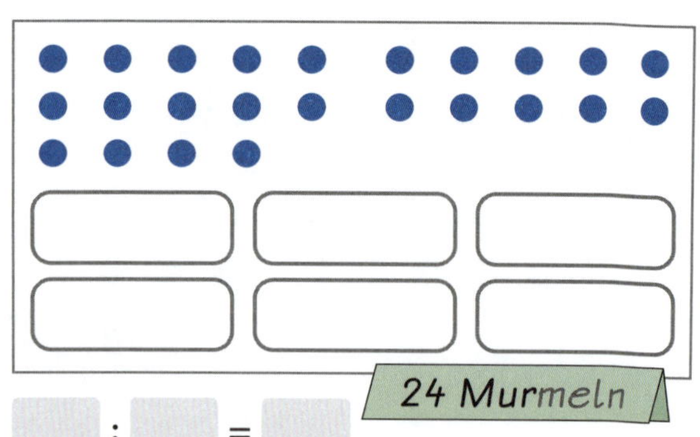

___ : ___ = ___

Jedes Kind bekommt ___ Murmeln.

1. Teile durch 1 und rechne.

a)

▢ : 1 = ▢

b)

▢ : ▢ = ▢

c)

▢ : ▢ = ▢

d)

▢ : ▢ = ▢

2. Male und rechne.

a)

▢ : 2 = ▢

b)

▢ : ▢ = ▢

c)

▢ : ▢ = ▢

d)

▢ : ▢ = ▢

3. Wie heißt die passende Geteiltaufgabe? Rechne und trage ein.

a) Was ist die Hälfte von 6?

▢ : ▢ = ▢

A: Die Hälfte von 6 ist ▢.

b) Was ist die Hälfte von 16?

▢ : ▢ = ▢

A: Die Hälfte von ▢ ist ▢.

3 Ggf. Zehnerstreifen und Plättchen verwenden

1. Zähle immer 10 Steckwürfel und kreise sie ein. Male 10er-Türme und rechne.

a)

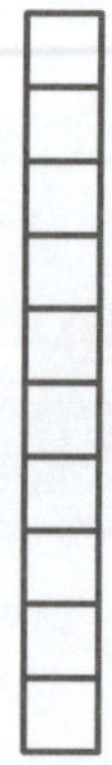

___ : ___ = ___

b)

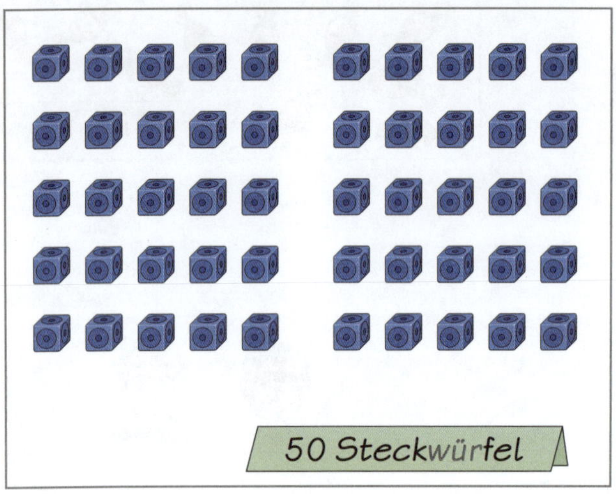

___ : ___ = ___

2. Wie viele Zehnerstreifen brauchst du? Lege und rechne.

a) Immer 10 Dosen.

___ : ___ = ___

b) Immer 10 Perlen.

___ : ___ = ___

c) Immer 10 Bauklötze.

___ : ___ = ___

d) Immer 10 Bonbons.

___ : ___ = ___

1. Schreibe die passende Malaufgabe und rechne.

a) 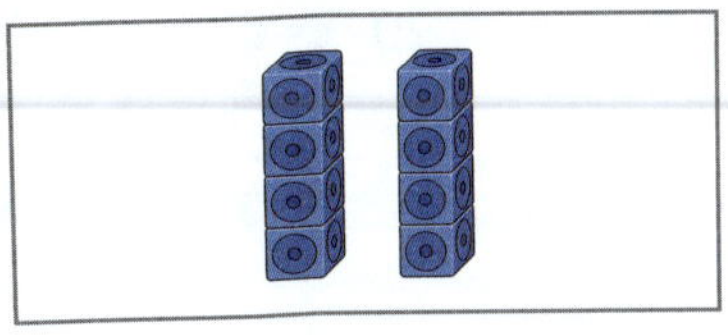

___ · ___ = ___

b) 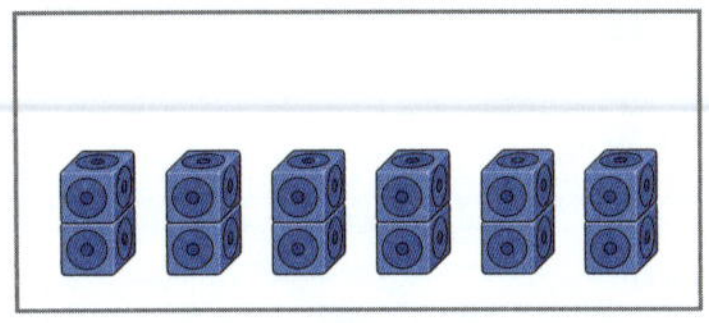

___ · ___ = ___

c) 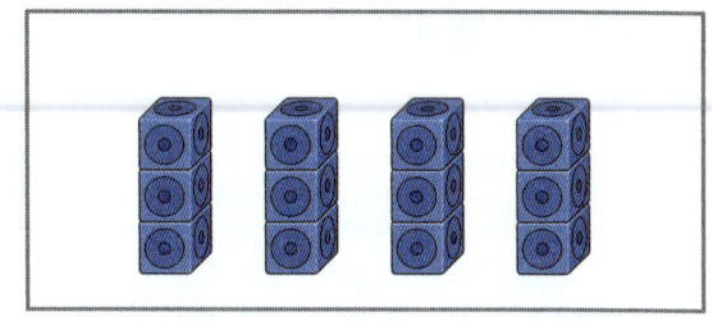

___ · ___ = ___

2. Kreise ein und male Türme. Rechne zuerst die Umkehraufgabe.

a) Wie viele 2er-Türme?

8 : 2 = ___

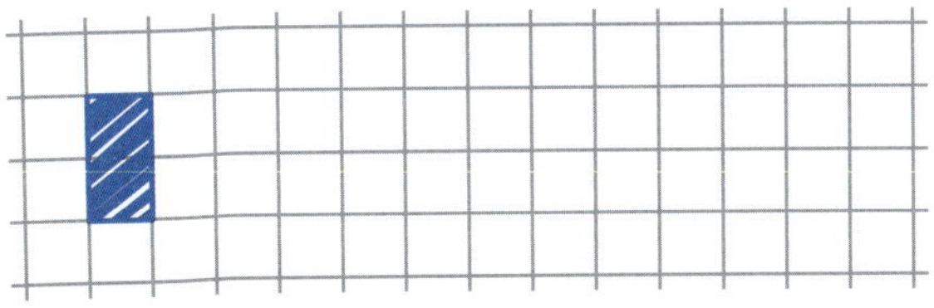

Umkehraufgabe ___ · 2 = 8

b) Wie viele 3er-Türme?

15 : 3 = ___

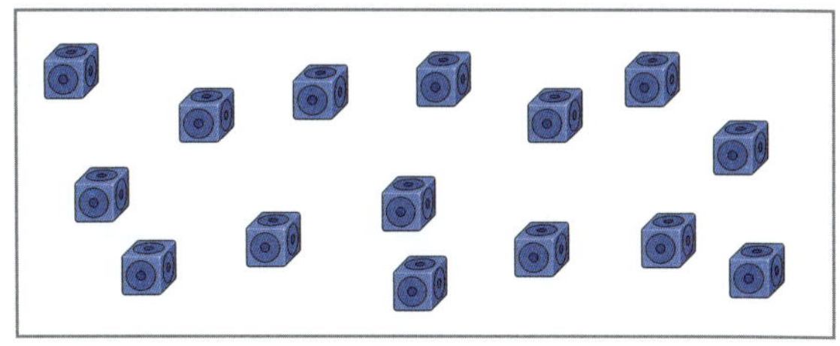

Umkehraufgabe ___ · ___ = 15

c) Wie viele 4er-Türme?

16 : 4 = ___

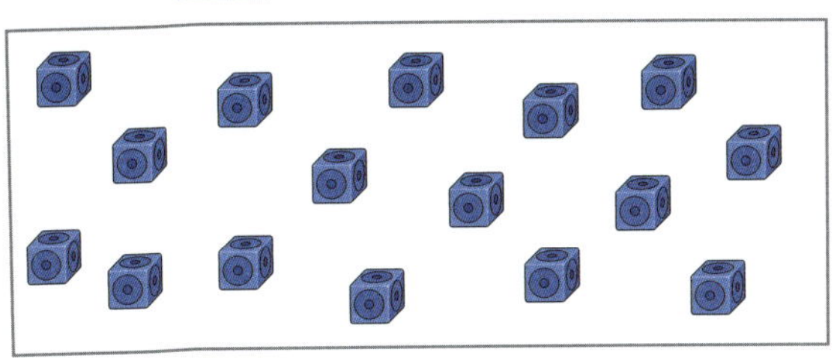

Umkehraufgabe ___ · ___ = 16

d) Wie viele 2er-Türme?

12 : 2 = ___

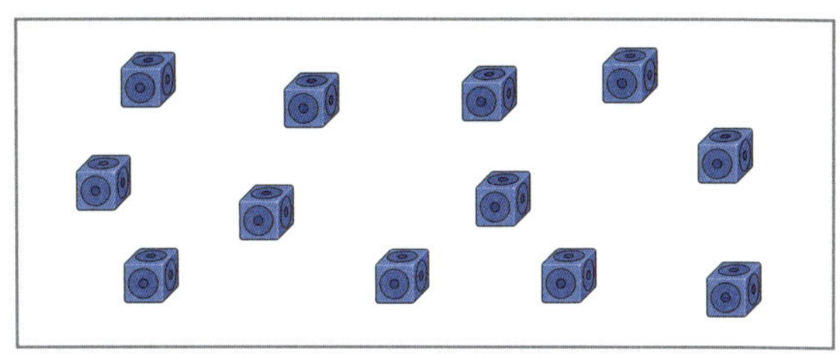

Umkehraufgabe ___ · ___ = 12

3. Rechne die Umkehraufgabe zuerst.

a) 20 : 5 = ___
___ · 5 = 20

b) 14 : 2 = ___
___ · 2 = 14

c) 10 : 5 = ___
___ · 5 = 10

d) 9 : 3 = ___
___ · 3 = 9

1. Schreibe zu jedem Punktefeld die Malaufgabe.

a) 

__ · 3 = __

b) 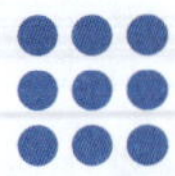

__ · __ = __

c) 

__ · __ = __

d) 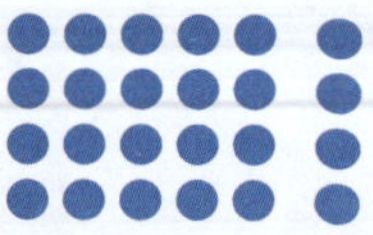

__ · __ = __

2. Schreibe zu jeder Malaufgabe die Umkehraufgabe. Rechne die Malaufgabe zuerst.

a) 

__ · 4 = __

↓ Umkehraufgabe

__ : 4 = __

b) 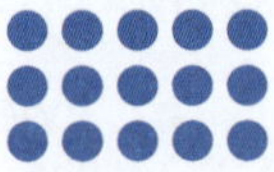

__ · __ = __

↓ Umkehraufgabe

__ : __ = __

c) 

__ · __ = __

↓ Umkehraufgabe

__ : __ = __

3. Schreibe zu jedem Punktefeld die passende Aufgabenfamilie.

a) 

__ Punkte

6 2 12

__ · 6 = __ → Tauschaufgabe → 6 · __ = __

↓ Umkehraufgabe ↓ Umkehraufgabe

__ : 6 = __ __ : __ = 6

b) 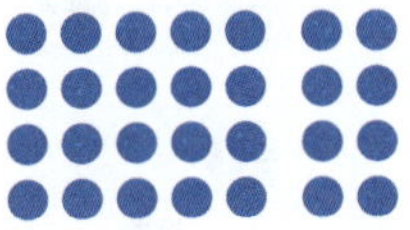

__ Punkte

28 7 4

__ · __ = __ → Tauschaufgabe → __ · __ = __

↓ Umkehraufgabe ↓ Umkehraufgabe

__ : __ = __ __ : __ = __

c) 

__ Punkte

5 15 3

__ · __ = __ → Tauschaufgabe → __ · __ = __

↓ Umkehraufgabe ↓ Umkehraufgabe

__ : __ = __ __ : __ = __

1. Verbinde.

geteilt — multiplizieren — addieren

mal — dividieren

minus — plus — subtrahieren

2. Die Umkehraufgabe hilft dir. Rechne und trage ein.

a) ·3 ; 18

$\square \cdot 3 = 18$
$\square : 3 = \square$

b) +12 ; 30

$\square + \square = \square$
$\square - \square = \square$

c) −31 ; 45

$\square - \square = \square$
$\square + \square = \square$

3. Wie heißt die gedachte Zahl? Unterstreiche die wichtigen Stellen im Text.

a) Hanna denkt sich eine Zahl.
Sie subtrahiert 14 und erhält 54.

−14 ; 54

A: Die Zahl heißt ___.

b) Emma denkt sich eine Zahl.
Sie dividiert durch 2 und erhält 9.

2

A: Die Zahl heißt ___.

c) Tim denkt sich eine Zahl.
Er addiert 21 und erhält 96.

A: Die Zahl heißt ___.

d) Mira denkt sich eine Zahl.
Sie multipliziert mit 5 und erhält 35.

A: Die Zahl heißt ___.

1. Baue mit Steckwürfeln. Male und rechne.

a) Baue aus 8 Steckwürfeln immer 2er-Türme.

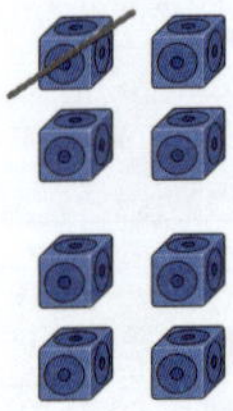

___ : 2 = ___

Baue aus 9 Steckwürfeln immer 2er-Türme.

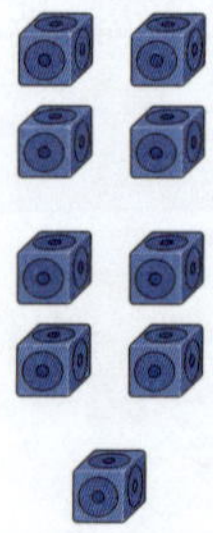

___ : ___ = ___

b) Baue aus 9 Steckwürfeln immer 3er-Türme.

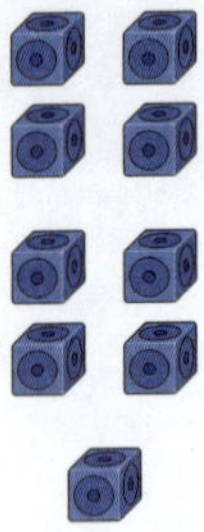

___ : 3 = ___

Baue aus 10 Steckwürfeln immer 3er-Türme.

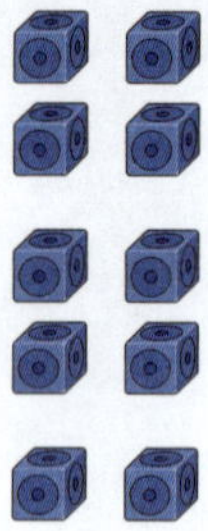

___ : ___ = ___

c) Baue aus 12 Steckwürfeln immer 4er-Türme.

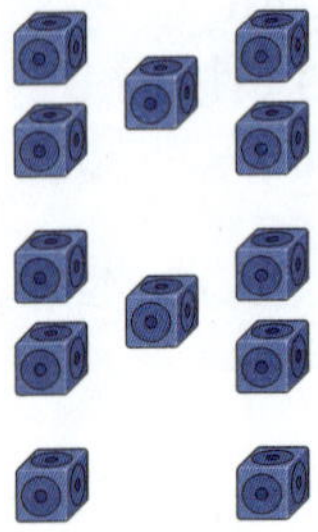

___ : 4 = ___

Baue aus 14 Steckwürfeln immer 4er-Türme.

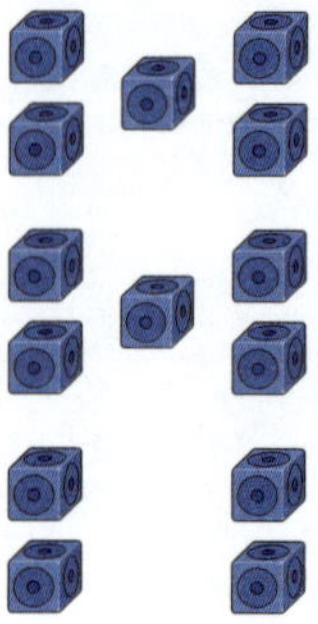

___ : ___ = ___

2. Wie viele 3er-Türme kannst du bauen? Baue nach. Setze fort, verbinde und rechne.

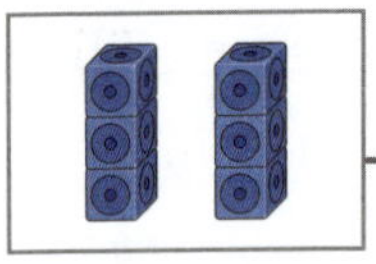

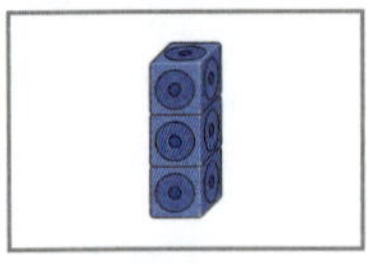

6 : 3 = 2
5 : 3 = ___
___ : ___ = ___
___ : ___ = ___
___ : ___ = ___
___ : ___ = ___

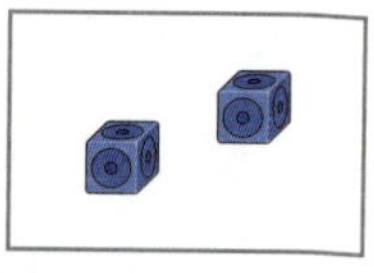

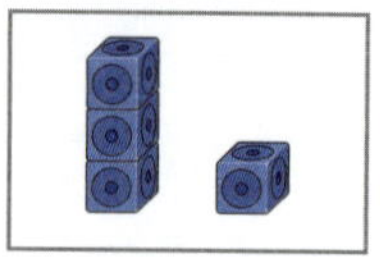

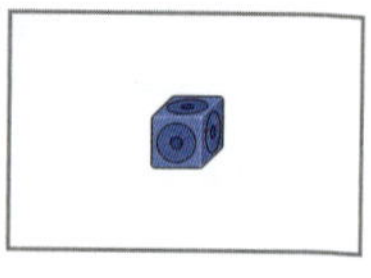

1. Kreise ein. Rechne und kontrolliere mit der Umkehraufgabe.

a) 12 : 2 = ___

K: ___ · ___ = ___

b) 15 : 5 = ___

K: ___ · ___ = ___

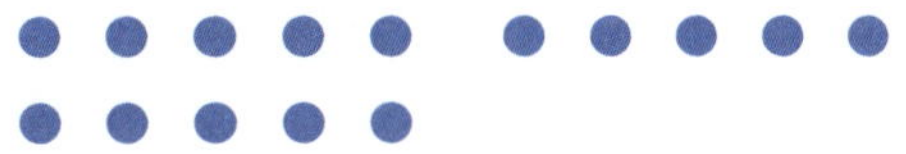

2. Kreise ein. Rechne und kontrolliere mit der Umkehraufgabe.

a) 11 : 5 = 2 R 1

K: 2 · ___ = 10

10 + ___ = ___

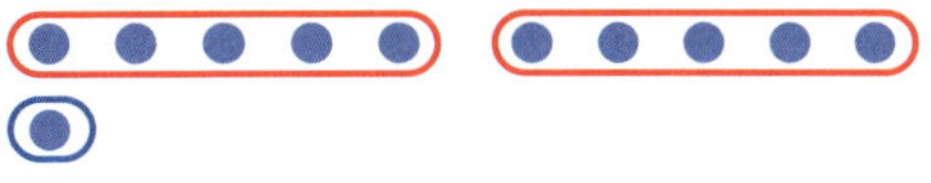

13 : 5 = 2 R 3

K: ___ · ___ = ___

___ + ___ = ___

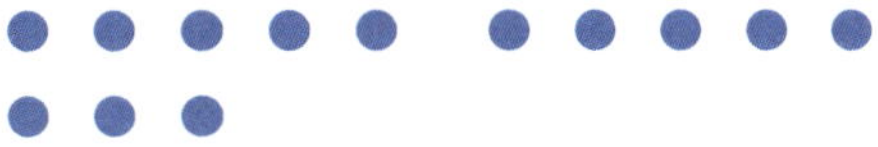

b) 16 : 3 = ___

K: ___ · ___ = ___

___ + ___ = ___

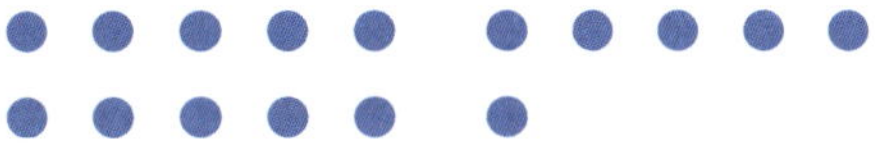

17 : 3 = ___

K: ___ · ___ = ___

___ + ___ = ___

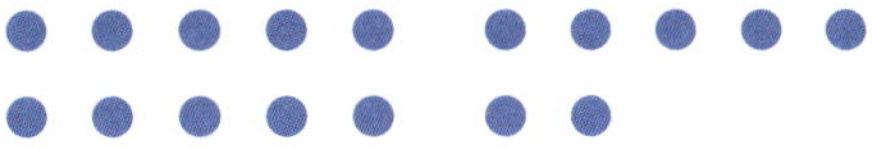

c) 15 : 7 = ___

K: ___ · ___ = ___

___ + ___ = ___

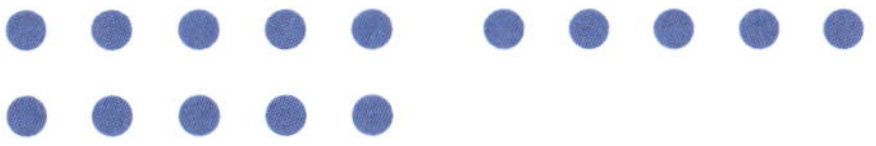

20 : 7 = ___

K: ___ · ___ = ___

___ + ___ = ___

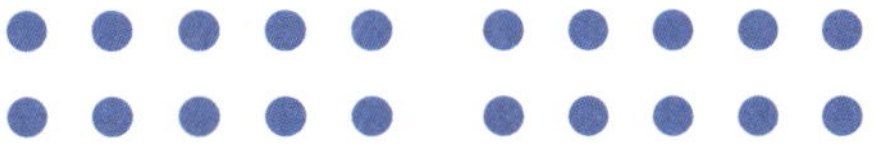

1. Finde alle Lösungen. Probiere aus.

a) $\blacksquare \cdot 9 < 18$

- 0 → $0 \cdot 9 < 18$ ✓
- 9 → $1 \cdot 9 < 18$ ✓
- 18 → $2 \cdot 9 \not< 18$ ✗
- 27 → $3 \cdot 9 \not< 18$ ✗

Lösungen: 0, 1

b) $\blacksquare \cdot 2 < 6$

- $0 \cdot 2 < 6$
- $1 \cdot 2 < 6$
- $\_ \cdot 2 < 6$
- $\_ \cdot 2 < 6$

Lösungen: ______

c) $\blacksquare \cdot 5 < 5$

- $0 \cdot 5 < 5$
- $\_ \cdot 5 < 5$
- $\_ \cdot 5 < 5$
- $\_ \cdot 5 < 5$

Lösungen: ______

d) $\blacksquare \cdot 3 < 9$

- $0 \cdot 3 < 9$
- $\_ \cdot 3 < 9$
- $\_ \cdot 3 < 9$
- $\_ \cdot 3 < 9$

Lösungen: ______

e) $\blacksquare \cdot 7 < 7$

- $\_ \cdot 7 < 7$
- $\_ \cdot 7 < 7$
- $\_ \cdot 7 < 7$
- $\_ \cdot 7 < 7$

Lösungen: ______

f) $\blacksquare \cdot 6 < 12$

- $\_ \cdot 6 < 12$
- $\_ \cdot 6 < 12$
- $\_ \cdot 6 < 12$
- $\_ \cdot 6 < 12$

Lösungen: ______

2. Setze fort und rechne.

a)

13	:	3	=	
14	:	3	=	
15	:		=	
	:		=	
	:		=	

b)

16	:	2	=	
15	:	2	=	
14	:		=	
	:		=	
	:		=	

c)

10	:	7	=	
9	:	7	=	
8	:		=	
	:		=	
	:		=	

1. Setze das Muster fort.

a)
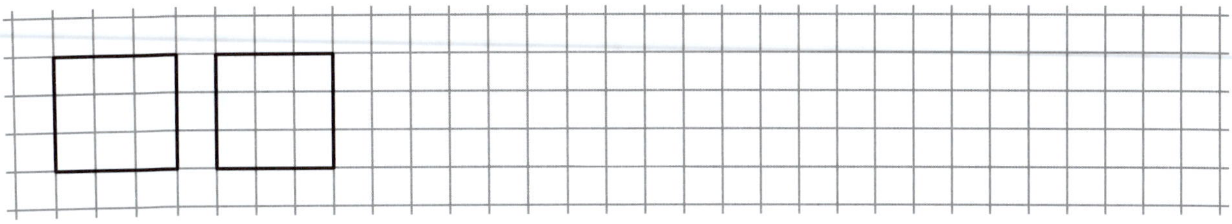

b)
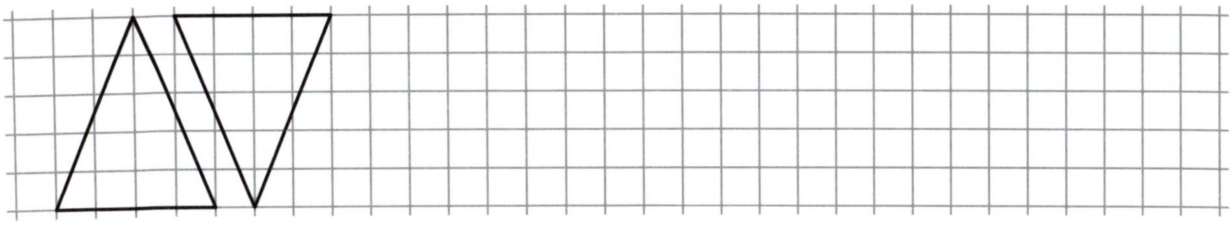

c)
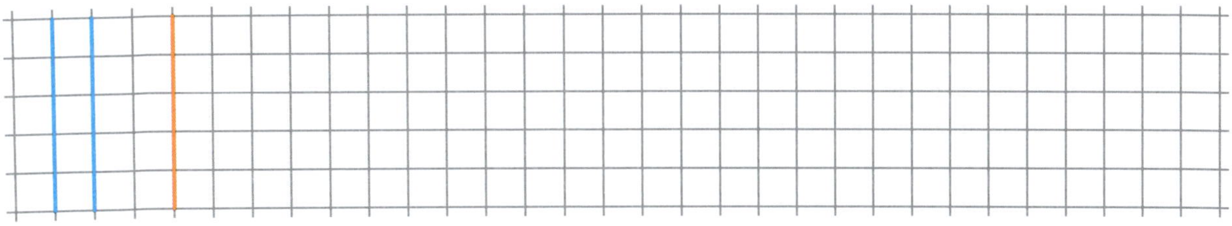

2. Zeichne ein eigenes Muster.

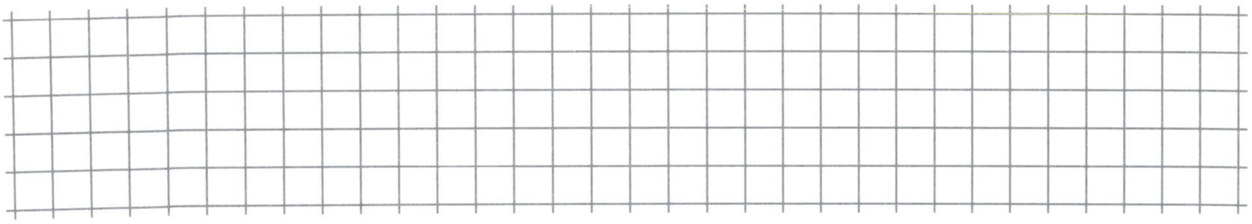

3. Zeichne verschieden große Kreise. Zähle.

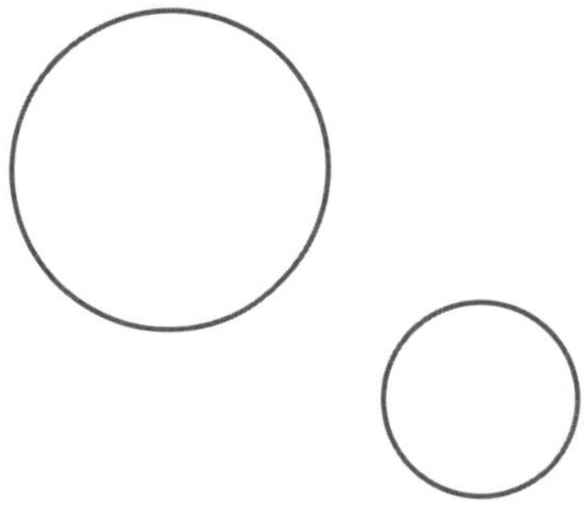

Ich habe ______ Kreise gezeichnet.

3 Freihändig zeichnen oder Zirkel oder andere Hilfsmittel nutzen

1. Male die Quadrataufgaben an. Rechne.

a)

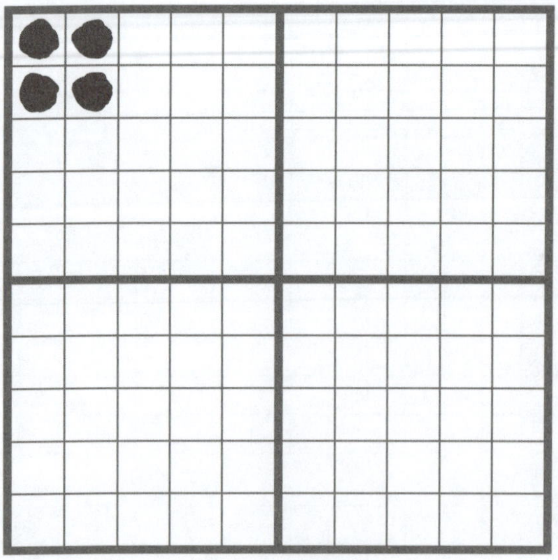

2 · 2 =

b)

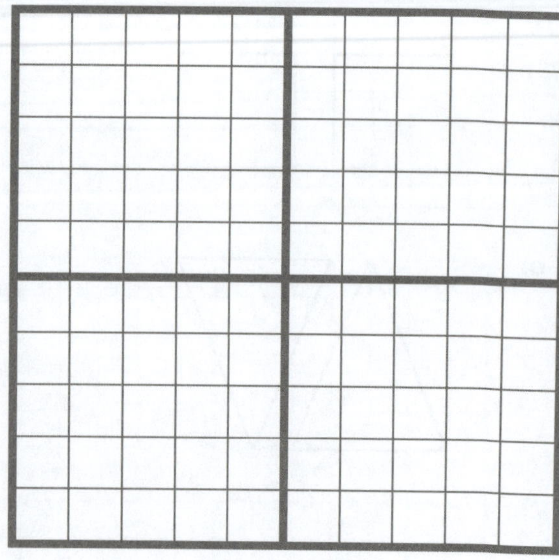

4 · 4 =

c)

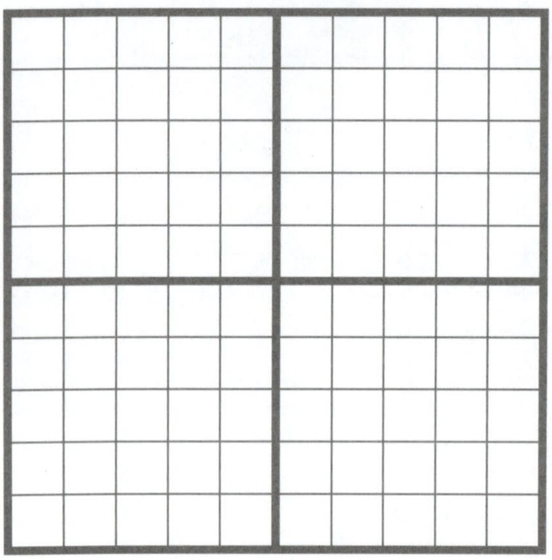

5 · 5 =

d)

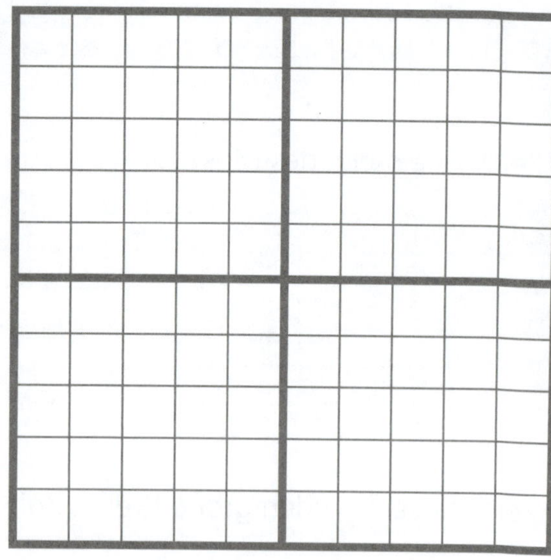

6 · 6 =

e)

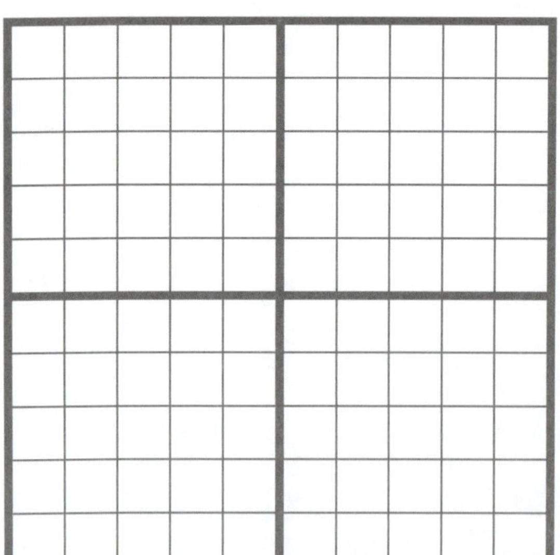

7 · 7 =

f)

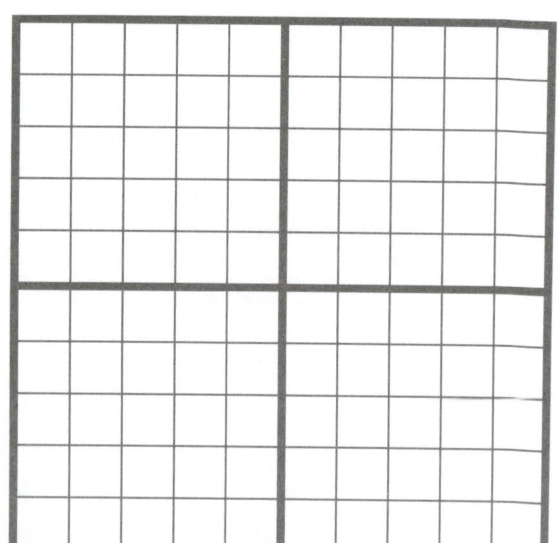

8 · 8 =

zu Schülerbuchseite 112

1. Verbinde.

Kugel | Zylinder | Würfel | Quader

2. Spure nach. Markiere Ecken rot, Kanten blau und Flächen gelb.

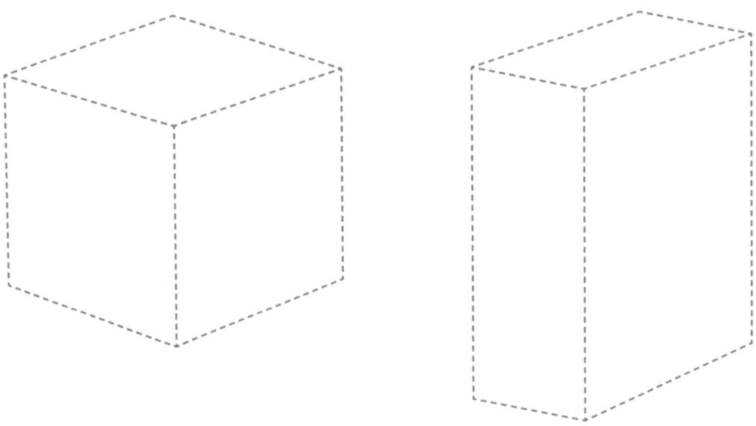

Denke an die versteckten Ecken, Kanten und Flächen.

3. Fülle die Tabelle aus.

	Kugel	Würfel	Quader
Ecken			
Kanten			
Flächen			

1. Baue nach. Wie viele Bausteine hast du gebraucht?

a)
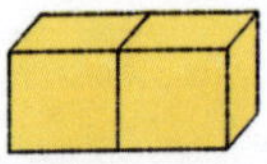
☐ Bausteine

b)
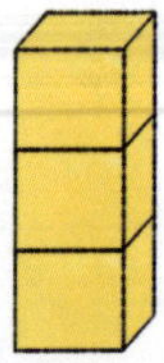
☐ Bausteine

c)
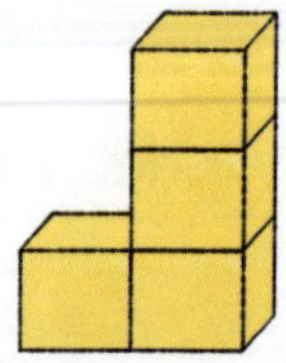
☐ Bausteine

d)
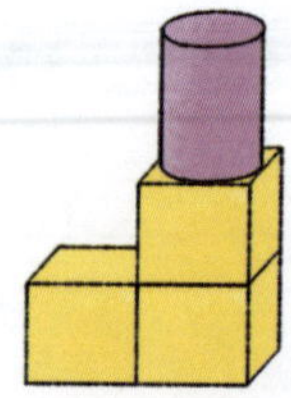
☐ Bausteine

e)

☐ Bausteine

f)

☐ Bausteine

g)

☐ Bausteine

h)

☐ Bausteine

2. Welche Ansicht ist dargestellt? Verbinde.

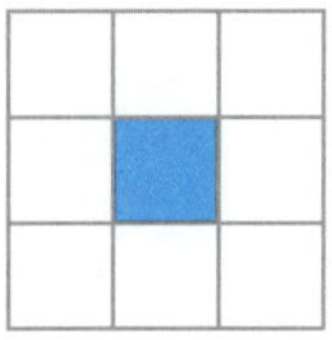

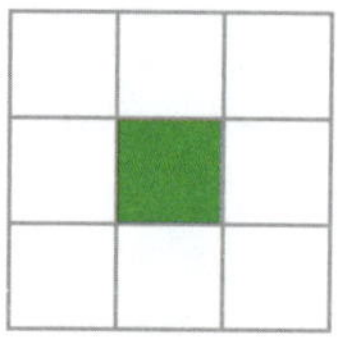

von rechts | von links | von hinten

3. Zeichne die Ansicht in das Gitter.

a)

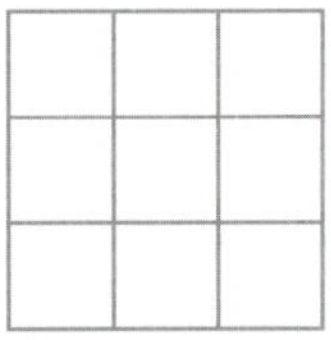
von oben

b)

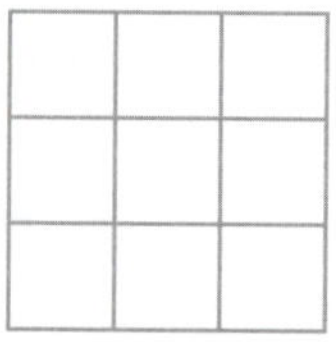
von links

c)
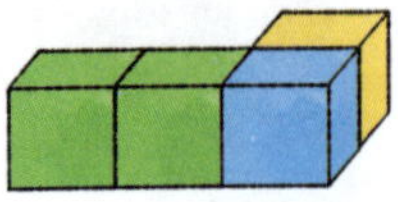

von rechts

d)

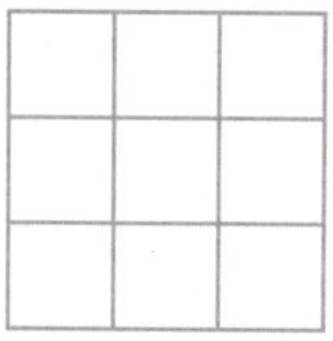
von hinten

1 Zeichne den Bauplan und trage ein.

a)

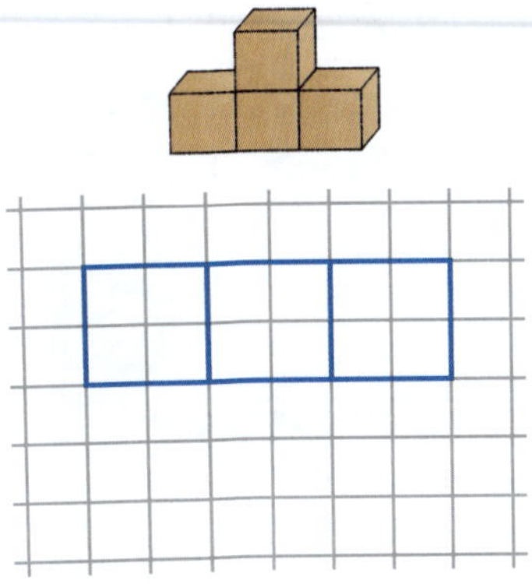

b)

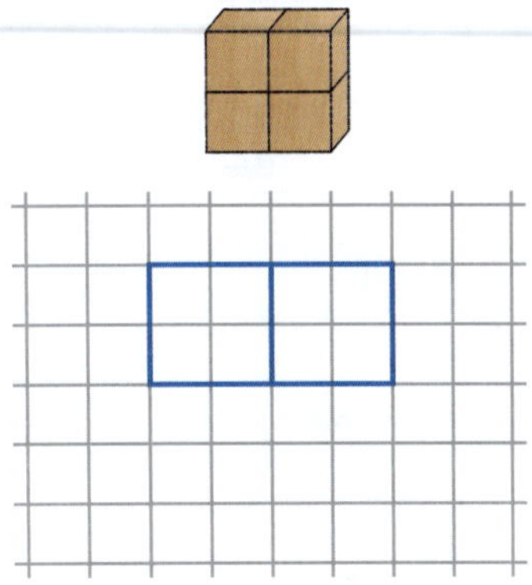

c)

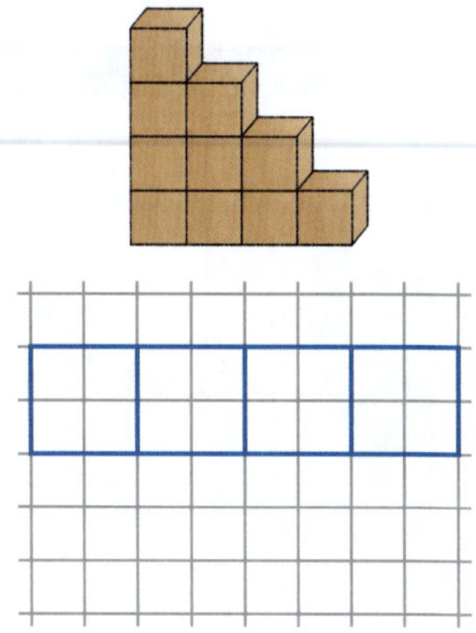

2 Baue Gebäude aus 6 Steckwürfeln. Zeichne einen Bauplan und gib den Gebäuden einen passenden Namen.

a)

b)

c)

3 Du kannst nicht alle Würfel sehen. Wie viele Würfel siehst du? Wie viele Würfel sind verdeckt? Trage ein.

a)

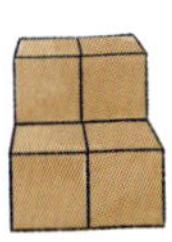

b)

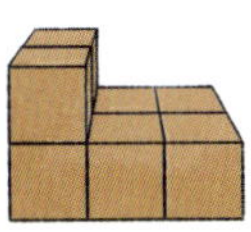

c)

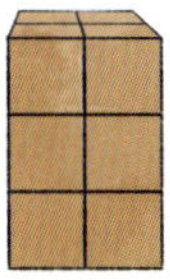

d)

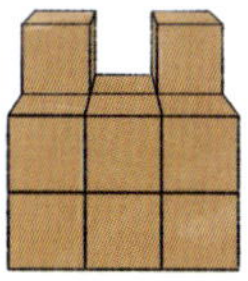

4 Stell dir das Gebäude vor. Wie viele Würfel siehst du? Wie viele sind verdeckt? Trage ein.

a)

1	2	3

b)

2	3	2

c)

3	3	1

d)

2	3	2
1	3	1

2 Mehrere Lösungen sind möglich; Steckwürfel verwenden
3, 4 Auf Ansichten achten

1. Welche Aussage ist richtig? Kreuze an.

a) Eine Portion Pommes kostet 4 €. ○ ja ○ nein

b) Ein Burger kostet 10 €. ○ ja ○ nein

c) Ein Menü kostet 20 €. ○ ja ○ nein

2. Löse die Sachaufgabe.

Mira und Emma essen jeweils eine Portion Pommes.

F: Wie viel kostet es zusammen?

L:

R:

A: ____________________

3. Wie viel kostet es?

a) 

Es kostet ___ €.

b) 

Es kostet ___ €.

zu Schülerbuchseite 118

1. Schreibe in gemischter Schreibweise und mit Komma.

a)
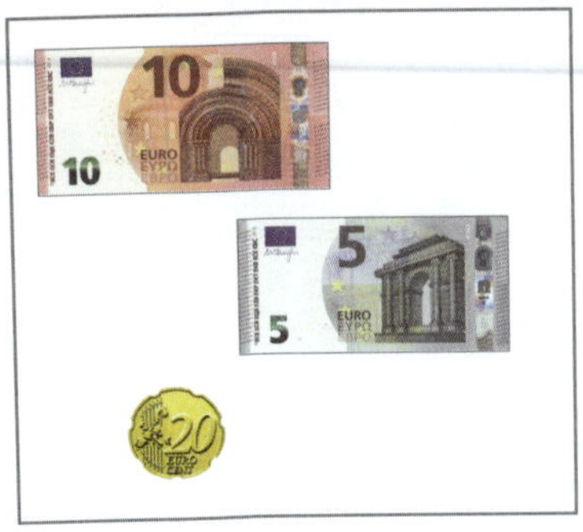

____ € ____ ct

__________ €

b)
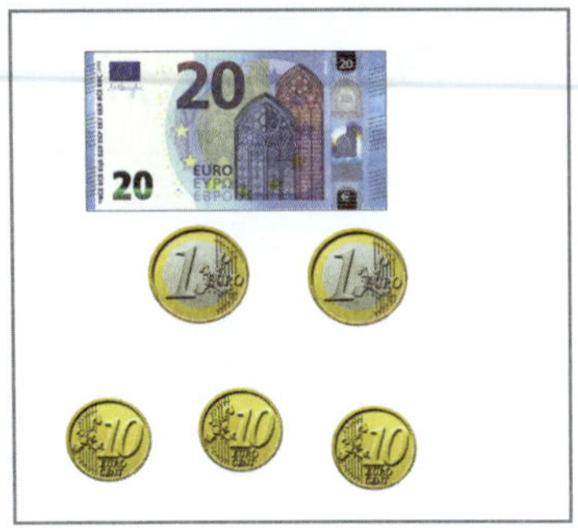

____ € ____ ct

__________ €

c)
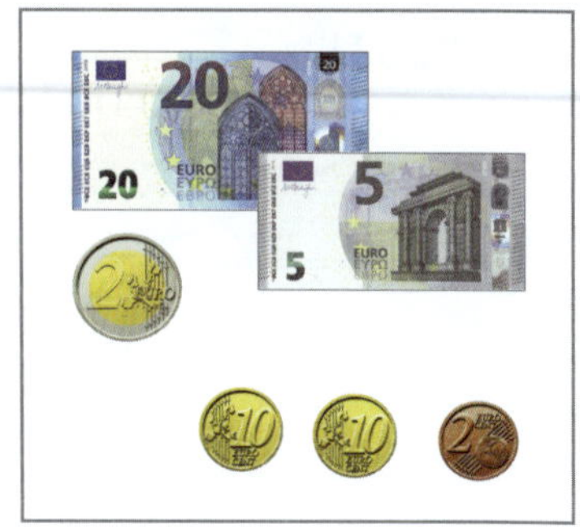

____ € ____ ct

__________ €

d)

e)

f)

2. Lege die Geldbeträge und schreibe in gemischter Schreibweise und mit Komma.

a)	b)	c)
6 € 28 ct = 6,28 €	______ = 16,99 €	12 € 56 ct = ______ €
26 € 37 ct = ______	______ = 76,32 €	0 € 82 ct = ______
19 € 64 ct = ______	______ = 8,70 €	24 € 8 ct = ______
2 € 59 ct = ______	______ = 38,15 €	______ = 5,34 €
37 € 21 ct = ______	______ = 2,78 €	______ = 20,60 €
54 € 73 ct = ______	______ = 10,10 €	______ = 0,01 €

3. Setze ein: >, < oder =

a)	b)	c)
24 € 73 ct ◯ 24 € 73 ct	41,80 € ◯ 4,81 €	25 € 43 ct ◯ 7,28 €
40 € 32 ct ◯ 50 € 46 ct	3,00 € ◯ 30,00 €	9 € 11 ct ◯ 11,09 €
7 € 14 ct ◯ 6 € 84 ct	52,80 € ◯ 52,80 €	36 € 0 ct ◯ 36,00 €
13 € 8 ct ◯ 31 € 8 ct	9,09 € ◯ 0,99 €	0 € 45 ct ◯ 4,50 €

2 Spielgeld verwenden

zu Schülerbuchseite 119

1. Welche beiden Uhrzeiten gehören zusammen? Verbinde.

9:00 Uhr   20:00 Uhr   4:00 Uhr   7:00 Uhr   22:00 Uhr   2:00 Uhr   3:00 Uhr

16:00 Uhr   8:00 Uhr   10:00 Uhr   21:00 Uhr   14:00 Uhr   15:00 Uhr   19:00 Uhr

2. Schreibe beide Uhrzeiten.

a)

______

______

b)

______

______

c)

______

______

d)

______

______

3. Zeichne die Zeiger ein und schreibe die zweite Uhrzeit.

a)

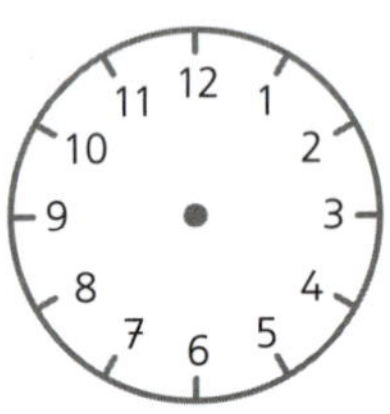

2:00 Uhr

______ Uhr

b)

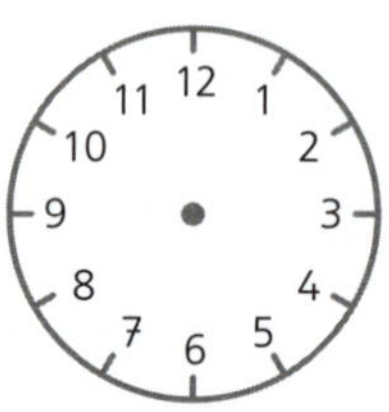

7:00 Uhr

______ Uhr

c)

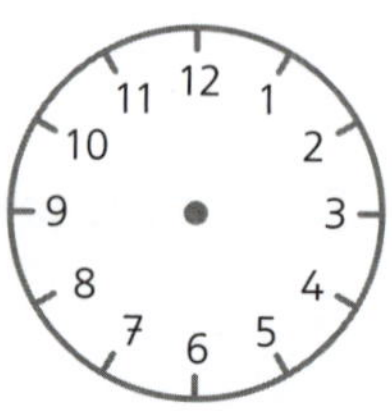

5:00 Uhr

______ Uhr

d)

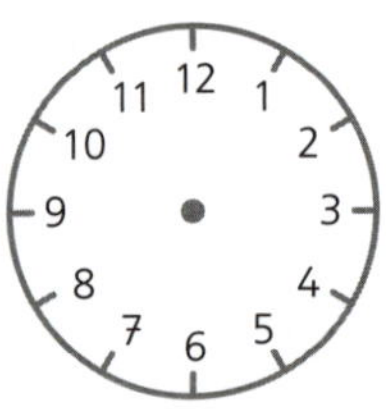

______ Uhr

15:00 Uhr

e)

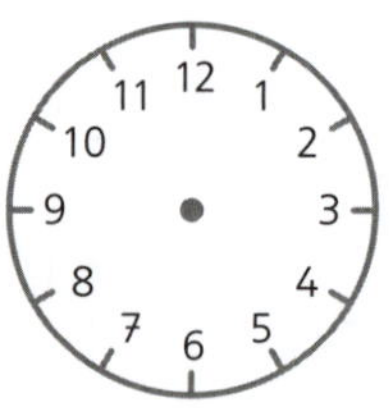

______ Uhr

22:00 Uhr

f)

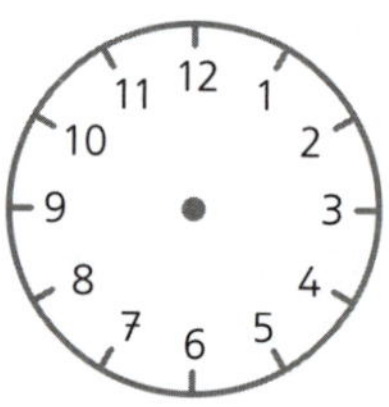

______ Uhr

18:00 Uhr

2, 3 Ggf. Lernuhr verwenden

1. Trage die Minuten ein. Schreibe beide Uhrzeiten.

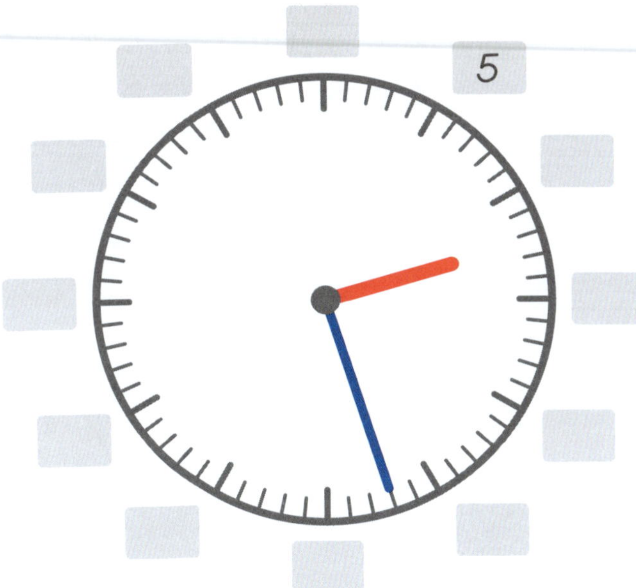

_______ Uhr

_______ Uhr

2. Schreibe beide Uhrzeiten.

a)

3:30 Uhr

____

b)

____

____

c)

____

____

d)

____

____

3. Wie viele Minuten? Schreibe die Minuten. Male in der passenden Farbe an.

☐ Minuten

☐ Minuten

☐ Minuten

Viertelstunde

Halbe Stunde

Dreiviertelstunde

4. Was dauert etwa 10 Sekunden? Finde ein Beispiel.

____

zu Schülerbuchseiten 122, 123

1. Schreibe die Tageszeiten in der richtigen Reihenfolge auf.

nachmittags vormittags abends mittags ~~morgens~~ nachts

morgens, ______________________________

____

2. Schreibe die Uhrzeit. Achte auf die Tageszeit.

a) 

abends

______

b) 

nachts

______

c) 

vormittags

______

d) 

morgens

______

e) 

nachmittags

______

f) 

mittags

______

g) 

nachts

______

h) 

abends

______

3. Wie spät ist es dann? Zeichne die Zeiger ein.

a) 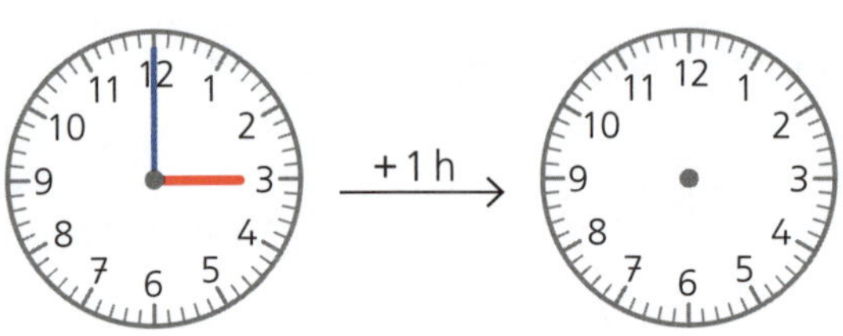

b) 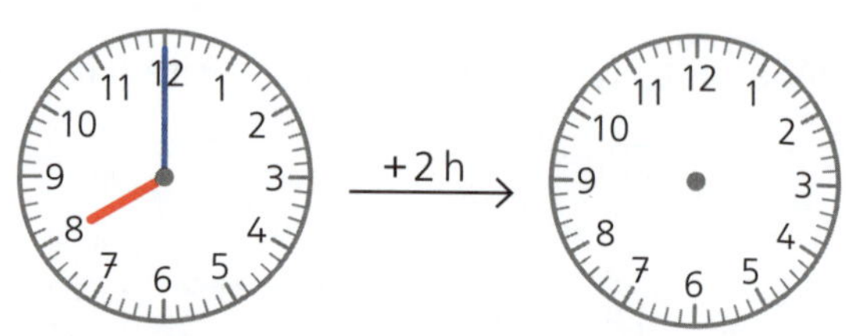

c) 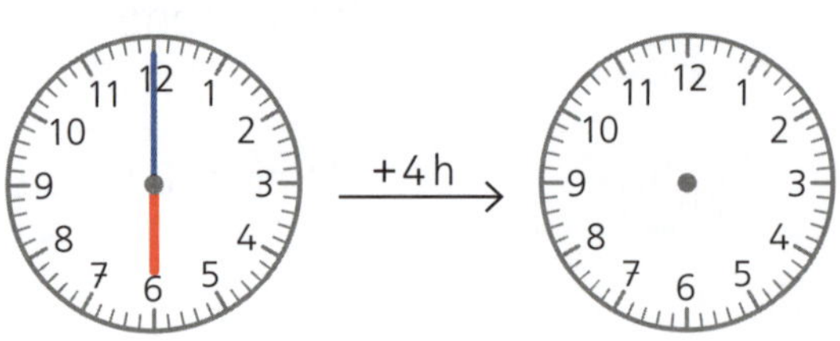

d) 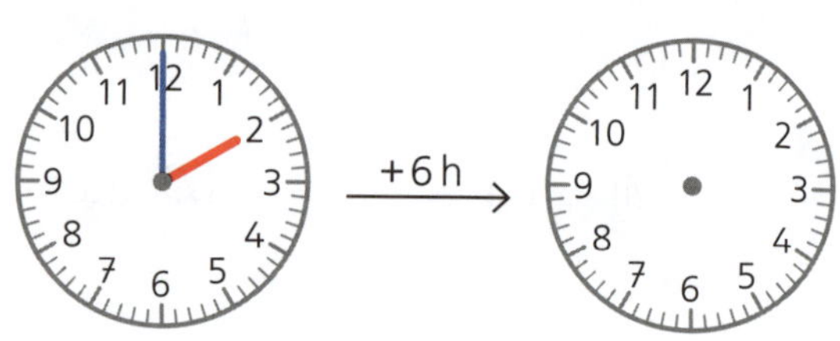

4. Wie spät ist es dann? Rechne.

a) 8:00 Uhr $\xrightarrow{+3\,h}$ ______ Uhr **b)** 12:00 Uhr $\xrightarrow{+7\,h}$ ______ Uhr

c) 1:00 Uhr $\xrightarrow{+5\,h}$ ______ Uhr **d)** 20:00 Uhr $\xrightarrow{+2\,h}$ ______ Uhr

3, 4 Ggf. Lernuhr verwenden

1. Wie spät ist es dann? Zeichne die Zeiger ein.

a)  $\xrightarrow{+10\text{ min}}$ 

b)  $\xrightarrow{+30\text{ min}}$ 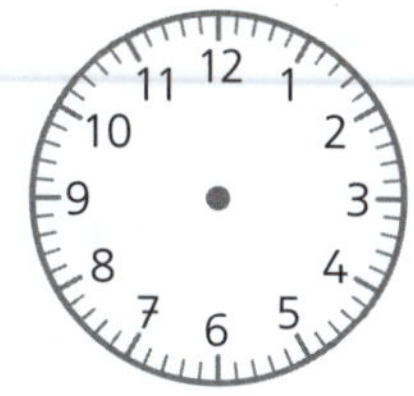

c)  $\xrightarrow{+15\text{ min}}$ 

d)  $\xrightarrow{+45\text{ min}}$ 

2. Wie spät ist es dann? Rechne.

a) 10:00 Uhr $\xrightarrow{+30\text{ min}}$ ________ Uhr

b) 13:00 Uhr $\xrightarrow{+40\text{ min}}$ ________ Uhr

c) 21:00 Uhr $\xrightarrow{+25\text{ min}}$ ________ Uhr

d) 19:00 Uhr $\xrightarrow{+20\text{ min}}$ ________ Uhr

3. Wie viele Stunden sind vergangen?

a)  + ______ → 

nachts | morgens

________ ________

b) 16:00 Uhr + ______ → 17:00 Uhr

c) 19:00 Uhr + ______ → 21:00 Uhr

4. Wie viele Minuten sind vergangen?

a)  + ______ → 

nachmittags | nachmittags

________ ________

b) 8:00 Uhr + ______ → 8:10 Uhr

c) 20:00 Uhr + ______ → 20:45 Uhr

1. Beantworte die Frage.

KINO	TITEL	BEGINN	DAUER
1	Paul und die Piraten	16:00 Uhr	1 h 45 min
2	Doktor Denk	15:00 Uhr // 18:15 Uhr	1 h 15 min
3	Abenteuer auf dem Mars	17:30 Uhr // 20:00 Uhr	1 h 30 min
4	Prinzessin Eleonore	18:00 Uhr	1 h 00 min

a) F: Wann beginnt der Film „Prinzessin Eleonore"?

A: Der Film beginnt um __________ Uhr.

b) F: Wann beginnt der Film „Paul und die Piraten"?

A: Der Film beginnt um __________ Uhr.

c) F: Wann beginnt die späte Vorstellung von „Abenteuer auf dem Mars"?

A: Sie beginnt um __________ Uhr.

d) F: Wie lange dauert der Film „Doktor Denk"?

A: Der Film dauert ________ Stunde und ________ Minuten.

e) F: Wie lange dauert der Film „Paul und die Piraten"?

A: Der Film ______________________________

______________________________.

f) F: Wie lange dauert der Film „Abenteuer auf dem Mars"?

A: Der Film ______________________________

______________________________.

2. Wann endet der Film? Zeichne die Zeiger ein. Schreibe die Uhrzeiten und beantworte die Frage.

a)

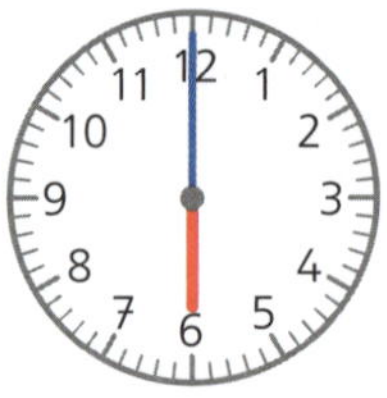

+1 h →

__________ __________

A: Der Film endet um __________ Uhr.

b):

+1 h →

+15 min →

__________ __________ __________

A: Der Film ______________________________.